Verlag Podszun-Motorbücher GmbH
Elisabethstraße 23-25, D-59929 Brilon
Herstellung: LUC Medienhaus, Greven
Internet: www.podszun-verlag.de
E-Mail: info@podszun-verlag.de
ISBN 978-3-7516-1124-4

Walter Bärtsch

Vorwort

Es ist inzwischen viel über die verschiedensten Baumaschinen und Marken geschrieben worden. Als wir unseren Club, Michigan Freunde Schweiz, gegründet haben, fiel uns auf, dass über die eigentlich sehr bekannten Clark Maschinen und insbesondere über die Michigan Radlader überhaupt keine Publikation vorhanden war. Diese Radlader prägten doch für eine längere Zeit das Bild der Kieswerke, Steinbrüche und Zementwerke entscheidend mit. Auf Baustellen sah man sie nicht so oft im Einsatz, dazu mussten die Einsatzbedingungen für Radlader optimal sein. Zumindest in der Schweiz war das so, lange bevor die heutigen Marktführer auf den Plan traten.

Im Februar 1954 wurde der Michigan Radlader offiziell in den USA von der Clark Equipment Company lanciert, also würde er 2024 eigentlich 70 Jahre alt. Leider wurde er nur 41 Jahre lang, bis 1995 unter dem Namen Michigan produziert. Das Schicksal der Marke wird im Buch noch weiter erläutert.

Einen guten Teil meines Lebens habe ich mit der Betreuung von diesen Maschinen zugebracht, im In-wie im Ausland. Da auch ich das Baujahr 1954 trage, nahm ich den gemeinsamen Geburtstag zum Anlass, die Geschichte und Entwicklung der Michigan Radlader im zeitlichen Ablauf darzustellen und mit möglichst vielen Bildern zu illustrieren. Ich hoffe auch, dass das Buch vielleicht einige Wissenslücken füllt und zur Klärung von Missverständnissen beiträgt.

Ich wünsche allen Interessierten viel Spass beim Stöbern und Lesen im Buch und dass bei dem einen oder anderen ein gewisser Aha-Effekt eintritt.

Das Geschriebene erhebt keinerlei Anspruch auf Vollständigkeit und wurde nach bestem Wissen und Gewissen verfasst. Wer mit eigenen Erlebnissen, mit Wissen und Fakten oder Ergänzungen etwas beitragen kann, ist dazu aufgerufen, mir dieses mitzuteilen, damit eventuelle Korrekturen und Ergänzungen vorgenommen werden können.

Ich möchte allen Freunden und Kollegen meinen Dank aussprechen, die mir geholfen haben, dieses Buch zu verwirklichen, insbesondere Fredi Marty und Marc Gysel vom MFSC (Michigan Freunde Schweiz Club), an Werner Eble, Urs Peyer, Diesel Max Zottler, Markus Hofmann und viele andere, die mir Bilder und ihr Wissen zur Verfügung gestellt haben. Ohne ihre Mithilfe wäre dieses Buch nicht entstanden.

Walter Bärtsch

Etwas über mich Am 20. März 1954 wurde ich in Rorschach am Bodensee geboren und bin auch da aufgewachsen. Neben unserem Haus befand sich eine Aushubdeponie von einem Tiefbau-Unternehmen. Da standen fast immer irgendwelche Baumaschinen, die mich als Jungen sehr interessierten. Das waren ein Oliver OC 96 oder ein Cat 933 G Raupenlader. Schon als 10-Jähriger durfte ich damit festgefahrene Lkw bergen und abgekippten Aushub einplanieren. Das prägte natürlich meinen Berufswunsch. Ich wollte unbedingt Baumaschinenmechaniker werden. Damals war das aber noch kein Lehrberuf, also musste ich erst einen Umweg machen. Deswegen lernte ich in einer weltbekannten Fräsmaschinenfabrik den Beruf des Maschinenschlossers. Nach der Lehre und dem Militärdienst konnte ich 1974 bei der Firma Charles Keller Baumaschinen meine berufliche Laufbahn beginnen. Diese Firma importierte damals unter anderem die Michigan Baumaschinen. Zuerst erlernte ich in der Werkstatt das nötige Wissen. Schon als 24-Jähriger wurde ich mit dem ersten Auslandeinsatz betraut. Für sechs Monate war ich zuständig für den Unterhalt und die Reparatur von bei uns gekauften Michigan Baumaschinen bei einem Straßenbauprojekt in Saudi-Arabien. Dabei handelte es sich um vier Elevatorscraper 210 H, drei Radlader 275 B, vier Austin Western 501 Super Grader und einige Scheid Walzen. Danach folgten verschiedene Einsätze in Algerien, im Hafen von Algier und in Hassi-Messaoud. Dort warteten und reparierten wir die speziellen Ölfeld-Lastwagen von Kenworth, die Typen Super 953 und C 500 und Clark Gabelstapler von 2,5 bis 50 Tonnen. In der Schweiz arbeitete ich auf vielen Baustellen als Service Techniker. Später wurde ich zum Monteurdisponent und Werkstattchef-Stellvertreter befördert. Diesen Job machte ich zwei Jahre. Das Büro war aber nicht so mein Ding, sodass ich infolge Monteurmangels wieder einen Servicewagen übernahm, bis im Jahr 1985 die Firma Charles Keller AG Baumaschinen die Tore schloss. Anschließend fand ich eine Anstellung in einer Firma, die spezielle Hydraulikantriebe für Entwässerungszentrifugen und Dekanter herstellt. Dieser Außendienst-Job brachte mich in die ganze Welt und war sehr interessant und vielseitig, machte ich doch alles, ausgenommen dem Verkauf. Da blieb ich 35 Jahre bis zu meiner Pensionierung. Mein Archiv umfasst etwa 700 dicke Ordner, voll mit Verkaufsunterlagen über alle Arten von Baumaschinen, angefangen in den 1940er Jahren bis heute. Von meinen vielen Reisen in alle Welt habe ich eine Sammlung von 40 000 selbst geschossenen Baumaschinenfotos angelegt. Im Hobbyraum (nicht nur da) befinden sich ungefähr 2000 Baumaschinenmodelle in Vitrinen ausgestellt. Seit 2008 bin ich Mitglied vom HCEA (Historical Construction Equipment Association), Verein zur Erhaltung von historischen Baumaschinen in den USA. Die Michigan Radlader und ich werden im Jahr 2024 schon 70 Jahre alt. Diese Tatsache und das Erlebte veranlassten mich, ein Buch über diese Marke und die Maschinen zu schreiben, zumal es bis heute keine entsprechende Publikation gibt.

DIE MICHIGAN RADLADER

Der Anfang

Ein paar abtrünnige Mitarbeiter der Illinois Steel Company gründeten 1903 die Georges G. Rich Manufacturing Company in Chicago. 1904 zog die Firma um nach Buchanan, im Bundesstaat Michigan. Die Handelskammer dieser Stadt lockte die Firma mit einem Vertrag, der günstige Zinsen für Industrieland und eine gute und sichere Stromversorgung versprach. Die Firma Rich stellte in erster Linie eine Bohrmaschine her zum Bearbeiten von Eisenbahnschienen, den sogenannten „Celfor Drill". Eugene Clark war noch ein Angestellter der Illinois Steel, er fand aber, dass die Bohrmaschine einige Konstruktionsfehler aufwies. Er war auch der Ansicht, dass das Management und die Betriebsleitung ihre Arbeit schlecht machten. Das war der Grund für ihn, sich in die Firma Rich einzukaufen und, nachdem er die Aktienmehrheit erlangt hatte, diese Mängel unverzüglich zu beheben. Damit legte er den Grundstein für die Entstehung der Clark Equipment Company.

Gründung der Clark Equipment Company

Im Jahr 1916 schloss Eugene Clark die Rich Manufacturing, die jetzt Celfor Tool hieß, mit der Buchanan Electric Steel Company zusammen. Er benannte die Firma nach seinem Namen, sodass es fortan Clark Equipment Company lautete.

Von 1920 bis in die sechziger Jahre kaufte Clark viele andere Firmen auf und wuchs stark. Ende der sechziger Jahre und nochmals in den achtziger Jahren wurden aber einige Firmen wieder abgestoßen, da die Verwaltung dieses Firmenverbundes immer komplizierter wurde.

1969 kaufte man die Melroe Company, Hersteller der berühmten und heute noch immer hergestellten Bobcat Kleinlader. Auch landwirtschaftliche Geräte gehörten zum Produktionsprogramm.

Mit Volvo aus Schweden wurde 1985 eine Zusammenarbeit vereinbart. Clark Michigan wurde Teil der VME-Gruppe (Volvo-Michigan-Euclid). Die Michigan- und Volvo-Radlader bekamen die neuen L-Typenbezeichnungen. In den USA wurden die Volvo-Lader noch eine Zeit lang als Michigan verkauft, da dieser Name einen ausgezeichneten Ruf bei den dort ansässigen Kunden genoss. Ab 1994 wurde der Name Michigan nicht mehr verwendet. Damit war einmal mehr eine traditionsreiche und innovative Firma begraben worden. Ab jetzt wurden überall auf der Welt nur noch Volvo-Radlader verkauft.

Ingersoll-Rand, ein bekannter Hersteller von Kompressoren und anderen Baumaschinen, kaufte die Clark Equipment Company im Jahr 1995.

1996 bestand die Clark Equipment Company aus Clark Forklift (Gabelstapler), Clark-Hurth (Deutschland und Italien, Getriebe und Achsen), Clark Automotive (USA, Belgien, diverse Standorte, Wandler, Lastschaltgetriebe, Achsen), Melroe (Bobcat) und VME (Baumaschinen).

Die Verkaufsanteile im Konzern betrugen zu dieser Zeit 51 Prozent von Melroe Bobcat, 30 Prozent von Clark-Hurth und Clark Automotive steuerte 18 Prozent zum Umsatz bei.

2007 verkaufte Ingersoll-Rand die Clark Equipment an den koreanischen Konzern Doosan International. Darin eingeschlossen war Bobcat, die Kompressorensparte, Generatoren, Lichtmaste und Anbaugeräte.

Schiller Grounds Care wurde 2020 von Doosan gekauft und die Firmen wieder in Clark Equipment Co. umbenannt. Heute heißt Doosan neu Develon. Soviel zur Entwicklung der Clark Equipment Company.

Als Erstes entstanden die Gabelstapler und Zugtraktoren

Im Jahr 1917 bauten Angestellte der Clark Equipment Company einen benzinbetriebenen, dreiräderigen Motorkarren mit flacher Ladefläche, um schwere Gussrohlinge und Sand zwischen den verschiedenen Fabrikationsgebäuden zu transportieren.

Besucher der Fabrik haben diesen Karren im Einsatz gesehen und waren begeistert von dessen Vielseitigkeit. Deshalb haben sie die Firma angefragt, ob man dieses Gerät auch kaufen könnte. So fing Clark an, diese Transporter in Serie zu bauen. 1918 wurden acht weitere Karren gebaut und auch verkauft. Ab jetzt wurde dieses Gerät „Tructractor" genannt. 1919 wurden bereits 75 Stück davon produziert. Nun begann auch der Export, die ersten Exemplare wurden nach Frankreich ausgeliefert.

In diesem Jahr wurde die Clark Tructractor Company als Tochterfirma der Clark Equipment Company gegründet und eine neue Fabrik in Buchanan bezogen.

Clark Tructractor, 1917

Clark Truclift, 1922

Clark Duat Tractor, 1923

Clark Clarktor, 1927

Clark Gabelstapler, erstes Modell auf Duat-Basis, 1924

Clark Tructier, 1928, hydraulisch betätigter Gabelstapler

Clark Carloader, 1938

Clark Utilitytruc, 1939

Clark Clipper, 1941, Gabelstapler

Clark Electro Clipper, 1942

Clark Planeloader mit Luftbereifung, 1943

Clark Gabelstapler mit Hydratork-Wandlergetriebe, 1953

1922 wurde der „Truclift“ vorgestellt. Dabei wurde dem Grundgerät eine Plattform aufgebaut, die hydraulisch angehoben werden konnte. Dieses Gerät wurde zum ersten hydraulisch betätigten Hubwagen auf dem Markt und somit ein entfernter Vorläufer der heute kaum mehr wegzudenkenden Gabelstapler.

In einer neuen Fabrik in Battle Creek (Michigan) wurden von nun an die beiden Produkte hergestellt, der Tructractor und der Truclift.

Ein weiteres neues Gerät kam 1923 auf den Markt, Duat genannt. Das war eine kleine Zugmaschine für den innerbetrieblichen Transport von beladenen Anhängern. Schon im darauffolgenden Jahr wurde dieser Zugmaschine vorne eine hydraulisch betätigte Hubvorrichtung mit Kettenübersetzung angebaut. Das war die Urform und eigentliche Geburtsstunde der heutigen Gabelstapler.

Um in den großen Lagerhäusern um lange Schlangen von Anhängern herumzufahren, wurde der Clarkat entwickelt, ein kleiner dreirädriger Traktor mit einer Zugkraft von 750 kg. Er blieb bis 1982 in Produktion. Für schwerere Lasten kam ab 1927 der Clarktor mit vier Rädern zum Einsatz. Diesen gab es in vielen verschiedenen Größen bis hin zum Flugzeugschlepper. Die Produktion endete 1987. Viele Leute werden diese flinken Schlepper von den Flughäfen kennen, wo sie fast endlose Schlangen von Gepäckanhängern übers Rollfeld gezogen haben.

Die Entwicklung blieb nicht stehen und 1928 wurde der Truclier auf den Markt gebracht. Dies war der erste, nur mit einem Hydraulikzylinder betätigten Hubmasten ausgerüstete Stapler. Der Antrieb und die Lenkung befanden sich noch auf der Hinterachse, die kleinen Vollgummi-Räder waren vorn unter der Last.

Der Carloader wurde 1938 vorgestellt. Bei diesem Gerät wurde das ganze Fahrwerk umgedreht, also die großen Antriebsräder nach vorne und die kleineren Lenkräder nach hinten. So sahen dann bis 1964 in etwa alle Gabelstapler aus. In dieser Zeit gab es mehrere verschiedene Baureihen von Staplern wie den Utilitruc und den Clipper. Die Hälfte der Maschinen hatten eine Hubkraft so um die 1000 kg. Um in den Lagerhäusern die Paletten zu bewegen und die Lastwagen zu beladen reichte das meistens völlig aus.

Im Zweiten Weltkrieg fanden diese Geräte auch in Europa durch die Anwesenheit der amerikanischen Truppen eine weite Verbreitung. Es gab fast kein Lagerhaus, das nicht einen Stapler oder eine Zugmaschine von Clark im Einsatz hatte.

1942 baute man die ersten elektrisch angetriebenen Stapler.

Bis anhin waren alle Gabelstapler noch mit Vollgummireifen bestückt. 1943 baute Clark für die Luftwaffe die ersten luftbereiften Stapler, den Planeloader. Er fand hauptsächlich Verwendung zur Be- und Entladung von Frachtflugzeugen auf den meist unbefestigten Flugplätzen der Alliierten. Ab 1945 war dann die Luftbereifung mehr oder weniger zum Standard geworden.

Eine elektrische Kupplung zwischen Motor und Getriebe kam 1948 und 1953 die logische Weiterentwicklung durch einen Drehmomentwandler, Hydratork genannt.

Im Laufe der Zeit wurden sehr viele Innovationen auf den Markt gebracht wie Rückhalterahmen an den Gabeln, sturzsichere Dächer über den Kabinen, Drei- und Vierradausführungen, mit Diesel-Benzin-Treibgas und Elektroantrieben sowie Luft und Vollgummibereifung für jeden Anwendungsfall.

1976 wurde der 500.000ste Stapler produziert in Montagewerken in Deutschland, Brasilien, Kanada, den USA und Australien. Der millionste Stapler ist 1997 gebaut worden.

Seit 1999 gehört die Samsung Forklift Company zu Clark. Dort baut man jetzt die Clark Stapler für den weltweiten Markt. Seit 2003 gehört Clark Materials Handling Company der Koreanischen Young An Hat Gruppe. In verschiedenen Montagewerken auf allen Kontinenten werden auch heute, im Jahr 2023, noch die berühmten Clark Gabelstapler hergestellt. Die Produktepalette reicht vom Deichselstapler bis zum 50 t hebenden Schwergewicht und umfasst alles, was zum Handling der unterschiedlichsten Waren benötigt wird.

Der Zweite Weltkrieg bescherte Clark volle Auftragsbücher. Die Firma produzierte nicht nur Stapler und Zugmaschinen für das Militär. Auch Achsen und Getriebe fanden reißenden Absatz und wurden unter anderem im 2 1/2 ton GMC CCKW 352 und 353, ebenso im GMC DUKW Schwimmwagen, im Diamond T 4 ton 6x6 und im Federal 4x4 4-6 ton verbaut. Insgesamt wurden von Clark von 1940 bis 1945 für diese Fahrzeuge 608.333 Getriebe gebaut. Da ja jeder Lkw mindestens eine Lenk- und Hinterachse hat, ergibt sich eine sicher mehr als die doppelte, aber unbekannte Anzahl von Achsen. Die Produktion von Gabelstaplern und Zugmaschinen erreichte alleine im Jahr 1945 etwa 23.000 Stück.

Die Entwicklung der Baumaschinensparte

Zu den Aufträgen vom Militär an Clark in den Kriegszeiten gehorte auch die Entwicklung eines kleinen Bulldozers. Er bekam die Bezeichnung Clark CA-1. Dieser musste vor allem eines sein: klein und sehr, sehr leicht. Er sollte mit einem CG-4A Transportflugzeug transportiert werden können. Das Flugzeug, ein CG = Cargo-Glider, war ein Lastensegler, der von einer Curtiss-Wright C-46 oder einer Douglas C-47

Clark CA-1 Dozer, 1941

Dakota (Skytrain) geschleppt wurde. Das ist die militärische Bezeichnung der weltbekannten DC-3. Der Lastensegler bestand aus einem mit Segeltuch bespannten Stahlrohrrahmen und viel Sperrholz. Zur Beladung konnte die ganze Nase hochgeklappt werden. Die Nutzlast betrug gerade mal 1800 kg. Das ergab 13 voll ausgerüstete Soldaten oder eben einen Clark CA-1 Bulldozer mit einem Gewicht von zirka 1800 kg.

Das Gerät war mit Planierschild gerade mal 2,78 m lang, 1,45 m breit und über den Luftfilter gemessen 1,25 m hoch. Die Raupenplatten waren 19,5 cm breit und ergaben einen Bodendruck von nur 0,37 kg pro cm^2. Angetrieben wurde der kleine Dozer von einem Vierzylinder-Waukesha-Benzinmotor vom Typ FC mit einem Hubraum von 2,180 l. Dieser entwickelte 28 PS bei 1900 U/min. Daran angeflanscht war ein Wechselgetriebe mit vier Vorwärts- und vier Rückwärtsgängen. Die Höchstgeschwindigkeit vorwärts betrug 8,7 km/h, im Rückwärtsgang erreichte sie sogar 10 km/h. Die Schubkraft im ersten Gang betrug 2000 kg. Der Treibstofftank fasste 38 l Benzin. Eine Seilwinde von Braden am Heck mit 60 m Seil vervollständigte die Maschine.

Als Zubehör wurden die verschiedensten Geräte entwickelt. So gab es zwei große Traktorräder, die seitlich in den Raupenrahmen gesteckt werden konnten. Damit wurde der Dozer ein Anhänger, der direkt von einem Jeep gezogen werden konnte. Auch ein einachsiger Tieflader wurde konstruiert, ebenfalls um vom Jeep gezogen zu werden. Verschiedene Schubgeräte wie Roderechen und Schwenkschilder gehörten zur Zusatzausrüstung, ebenso auch ein Aufreißer. Das außergewöhnlichste Zubehör war aber ein hydraulisch betätigter Anhängescraper von LaPlant-Choate mit einem Kübelinhalt von nur knapp 1,5 m^3. Dieser rollte auf vier oder sechs Reifen und wurde vom Dozer aus

Clark CA-1 Dozer mit LaPlant Choate Scraper

LaPlant Choate Scraper von hinten

Clark Dozer CA-1 mit Scraper

Fahrersitz des Clark Dozer CA-1

Clark Dozer CA-1

hydraulisch gesteuert. Dessen Abmessungen mussten ebenfalls sehr klein gehalten werden, sodass auch er in ein Glider-Flugzeug passte.

Die ersten 13 Prototypen dieser Dozer bekamen die Bezeichnung C-1, wurden im Jahr 1942 von Clark hergestellt und ausgiebig getestet. Eine Serie von 162 weiteren Maschinen wurde noch im Jahr 1942 von Clark gebaut, ebenso noch 30 Stück in 1943.

Da die Fabriken von Clark mit der Produktion von Gabelstaplern, Zugmaschinen, Getrieben und Achsen sowie Flugzeugschleppern total ausgelastet waren, vergab Clark die Montage der kleinen Maschine ab 1943 an die American Machine and Metals Company (AM&M) in Moline, Illinois. Clark lieferte die Teile dazu. In mehreren Aufträgen wurden bis 1944 insgesamt 2555 Maschinen produziert.

Diese kleinen Helfer wurden in allen Theatern des Zweiten Weltkriegs von den Airborne Engineers (Luftlande-Genie-Einheiten) eingesetzt. Bei der Landung in Sizilien ebenso wie im Pazifikkrieg und beim D-Day in der Normandie. In Nord-Burma stellten einige Clark CA-1 innerhalb von nur 24 Stunden eine 1700 m lange Piste her, um das Landen der C-47-Maschinen mit Kampftruppen zu ermöglichen. Das zeigt, wie wieselflink diese kleinen Maschinen waren und was sie zu leisten vermochten. Manchmal, um mehr Schubleistung zu erreichen, wurde die vordere von einer zweiten Maschine am Heck geschoben.

Der amerikanische General Dwight D. Eisenhower hat einmal gesagt, dass vier technische Dinge den Zweiten Weltkrieg gewonnen hätten: Der Bulldozer, der Jeep, der 2 1/2 ton GMC-Lastwagen und die DC-3.

Die Firma Charles Keller Baumaschinen

Charles Keller wurde am 24. März 1906 in Zürich geboren. Die Kindheit verbrachte er am Hottingerplatz über dem Restaurant Eckstein. Nach dem Besuch der Schulen machte er eine landwirtschaftliche Ausbildung, zuerst im Appenzellerland und später auf einem großen Gut in Schleswig-Holstein. Dann packte den jungen Mann das Fernweh und, kaum 18-jährig, reiste er nach Kanada. Zuerst als Farmarbeiter, später als Holzfäller, schlug er sich durch. Eine Schulung zum Lokomotiv-Heizer hat er nebenbei auch noch besucht. Bei minus 30 Grad Holz zu fällen an der Hudson Bay ist nicht jedermanns Sache. So packte er sein Bündel und kehrte mit dem wenigen Ersparten in die Schweiz zurück. Mit etwas Glück bekam er eine Lehrstelle als Maschinenschlosser bei Escher-Wyss in Zürich. Nach Abschluss der Lehre war es aber schwierig, eine gute Arbeit zu finden, sodass er sich mit verschiedenen Jobs durchschlagen musste. Das war gar nicht im Sinne von Charles und er bemühte sich, für ihn und seine Braut ein Visum für die USA zu bekommen. Das klappte auch und schnell fand er drüben einen Job. Aber die Krise von 1931 erreichte in den USA ungeahnte Dimensionen und so wurde er arbeitslos. In diesem Jahr wurde seine Tochter Eva geboren. Der Versuch, sich als Profiboxer zu profilieren. brachte zwar anfangs einen ansehnlichen Erfolg, aber nach einem schweren Autounfall fand diese Laufbahn ein jähes Ende. Nun konnte die kleine Familie mit dem letzten Rest Geld gerade noch in die Schweiz zurückkehren. Hier musste Charles nochmals von ganz vorne neu anfangen. Nach mehreren Aushilfsstellen fand er dann eine Anstellung bei der Mineralquelle in Eglisau. Während des Krieges machte er seinen Militärdienst und war gleichzeitig Betriebsleiter in Eglisau. Als der Krieg endlich fertig war, zog es Charles so schnell wie möglich wieder in die USA zurück. Er wollte herausfinden, wie und womit man ein eigenes Geschäft auf die Beine stellen könnte. Durch einen Freund wurde er zufällig in die Welt der Baumaschinen eingeführt. Im September 1945 betrat Charles wieder amerikanischen Boden. Zuerst exportierte er alles Mögliche wie Kameras, Nylonstrümpfe und Spielwaren in die Schweiz, um sich seinen Lebensunterhalt zu finanzieren. Mit vielen Informationen ausgestattet, kehrte Charles im Februar 1946 zurück in die Schweiz. Hier gründete er am 1. April 1946 die Firma Charles Keller Baumaschinen mit einem Personalbestand von einem Bürofräulein und ihm selbst.

Die ersten Vertretungen konnten übernommen werden: Michigan und Lima. Gute Kontakte in die USA und in die Branche sicherten kurze Lieferzeiten und so kam das Geschäft gut ins Rollen. Weitere Vertretungen wurden hinzugefügt, wie Koehring (Kipper, Seilbagger), Buffalo-Springfield (Walzen), Master (Warmluftheizer) und andere. Ziemlich schnell schon musste das Personal aufgestockt werden, um all die anfallende Arbeit zu meistern.

1948 konnte die erste Werkstatt und ein Ersatzteillager in Dübendorf in Betrieb genommen werden. In Wien wurde eine Niederlassung gegründet, sie erhielt alle Vertretungen wie in der Schweiz auch. Düsseldorf war die nächste Station, wo eine Zweigstelle eröffnet wurde. Einen großen Coup landete Charles Keller, als er im Januar 1950 das Hallenstadion in Zürich mietete und die erste Baumaschinenmesse in der Schweiz durchführte. Es kamen 6000 Besucher in einer Woche! Das war viel mehr als erträumt und somit ein riesiger Erfolg. Bei diesem Anlass wurden weitere sehr wichtige Kontakte zu Großfirmen geknüpft. Im Jahr 1954 konnte die Vertretung von Clark Michigan übernommen werden. 1955 folgte dann eine weitere sehr erfolgreiche Messe im Albisgüetli.

Am 1. April 1954 kam die Firma Charles Keller & Co in Beirut dazu. Damit begann der Ausbau der Beziehungen im Nahen Osten. Einige Schweizer Firmen hatten Charles Keller ihre Vertretungen für dieses Gebiet anvertraut. Dazu gehörten die BBC, die Waggon- und Liftfabrik Schlieren und die SLM aus Winterthur.

In der Schweiz wurde zu dieser Zeit viel gebaut, vor allem Kraftwerke und Staumauern. Ab Mitte der sechziger Jahre kamen dann auch noch die Autobahnen dazu. Diese Vorhaben benötigten viele und auch große Baumaschinen. Charles Keller war mit seinen Generalvertretungen sehr gut aufgestellt und so florierte das Geschäft.

Die Geschäftsräume in Dübendorf wurden sehr bald zu klein. Deshalb kaufte Charles Keller an der Kriesbachstraße in Wallisellen ein großes Areal, wo eine große Werkstatt, ein Bürogebäude, eine Schlosserei und eine Kantine gebaut wurden. Das ganze Untergeschoss wurde als Ersatzteillager eingerichtet. Auf der anderen Straßenseite befand sich ein Freigelände, das als Lagerplatz für Maschinen und als Testgelände sowie für Vorführungen genutzt wurde.

Luftaufnahme vom Firmengelände Kriesbachstraße Wallisellen

Firmentafel aus den sechziger (links), den siebziger (Mitte) und den achtziger Jahren (rechts)

Die Firma Charles Keller AG hatte auch die Vertretung der Euclid-Produkte für die Schweiz, Deutschland und Österreich inne. Als Euclid in den frühen sechziger Jahren anfing Radlader zu bauen, gefiel das den Clark-Leuten gar nicht und sie stellten natürlich gewisse Fragen. So gründete Charles Keller kurzerhand die Kellmobil AG und lagerte die Euclid-Vertretung in diese Gesellschaft aus. Dazu wurde ein weiteres Areal ganz in der Nähe gekauft. Eine große Werkhalle mit einem 10-t-Kran, ein Waschraum mit Lkw-Lift, eine Rampe und diverse Garagen waren schon vorhanden. Also eine ideale Infrastruktur, um Baumaschinen zu montieren und reparieren. Auch hier fungierte das gesamte Kellergeschoss als Ersatzteillager. Mit diesem Schachzug konnte die Michigan-Vertretung behalten werden und alle waren zufrieden.

Ganz unerwartet starb Charles Keller am 4. April 1965 im Alter von nur 59 Jahren.

Zuerst führte ein Verwaltungsrat die Firma weiter, später übernahm sein Sohn, ebenfalls Charles genannt, das Geschäft. In der Schweiz fand Mitte der achtziger Jahre eine starke Rezession im Baugewerbe statt. Das führte zu einem starken Rückgang der Maschinenverkäufe. Nachdem Verhandlungen um eine Übernahme keine Ergebnisse gebracht hatten und weil keine vernünftigen Geschäfte mehr möglich waren, aber auch wegen Erbstreitigkeiten, beschloss Charles Keller die Firma per 1. April 1986 aufzulösen. Einzig die Charles Keller International wurde noch bis 2006 weitergeführt. Aus wirtschaftlichen und auch aus politischen Gründen wurden dann alle Auslandfilialen aufgelöst und liquidiert. Somit war die Firma Charles Keller AG Baumaschinen Geschichte. Von 1954 bis 1985 verkaufte die Vertretung in etwa 1250 Michigan Radlader. Ab 1985, also mit Gründung der VME, übernahm die Firma Notz dann den Vertrieb der Michigan- und Volvo-Radlader in der Schweiz bis Volvo 1992 beschloss, eine Werksvertretung aufzubauen und die Maschinen selbst zu vermarkten. Wenig später bekam die Firma Robert Aebi die Generalvertretung für das ganze Volvo-Baumaschinenprogramm. Ich arbeitete vom 1. April 1974 (kein Scherz!) bis zum letzten Tag des Bestehens der Werkstatt, also dem 31. März 1985, genau elf Jahren in der Firma. Während dieser Zeit habe ich zuerst sechs Jahre in der Werkstatt und bei diversen Auslandseinsätzen gearbeitet, darauf wurde ich Monteurdisponent und Werkstattchef-Stellvertreter. Nach zwei Jahren behagte mir das Büroleben nicht mehr so richtig und ich übernahm wieder einen Servicewagen, damit war ich dann bis zum Schluss unterwegs.

Die Michigan Baumaschinen

Nach dem Ende des Zweiten Weltkrieges setzte in den USA ein Bauboom ein. Es kamen viele Soldaten aus dem Krieg zurück, sie brauchten Wohnungen für sich und ihre Familien. Die Massenproduktion des Automobils trug sehr viel zur Mobilität der Menschen bei. Das brauchte neue Verkehrswege, also mussten mehr Straßen und Autobahnen gebaut werden. Damit begann die Entwicklung von leistungsfähigen Maschinen, um diese Arbeiten möglichst günstig ausführen zu können. Nun hatte die Rationalisierung voll eingesetzt. Daran beteiligte sich auch die Ross Carrier Co. Diese wurde 1913 gegründet und stellte am Anfang Portalstapler, sogenannte „Straddle-Carriers“ her. Das sind Transportgeräte, um palettisierte, lange und schwere Waren längs zwischen den Rädern aufzunehmen und zu transportieren. Sie wurden vor allem in Sägereien zum Transport von geschnittenem Holz (Balken, Bretter usw.) eingesetzt. Auch Stahlwerke nutzten diese Geräte für den innerbetrieblichen Transport von gewalzten Blechen und Platten. Noch heute gibt es diese Maschinen, allerdings um einiges größer, zum Transport von Containern, wobei das Überfahren bis zu drei Container hoch möglich ist. 1923 kaufte Ross Carrier die Firma Detroit Power Shovel Company in Benton Harbor, im Bundesstaat Michigan. Eine Fabrik, die Bagger und Krane herstellte. Deren Entwicklung begann bereits in den frühen zwanziger Jahren und sie wurden unter dem Markennamen „Michigan“ vermarktet. Schon 1947 kamen die ersten Michigan-Kranwagen in der Schweiz an, importiert von der im Jahr zuvor gegründeten Charles Keller Baumaschinen. Es war ein T 6 K, ein zweiachsiger Autokran mit einer Hubkraft von maxi-

Clark Transporter, Prototyp aus dem 75 CP

Clark Ross Straddle Carrier

Clark Ross Straddle Carrier

Moderner Straddle Carrier von Kress, Hubkraft bis 150 t

Ross Straddle Carrier, erstes Modell mit H. Ross am Steuer

Straddle Carrier von Kress zum Transport von dicken, gewalzten Stahlplatten

Liebherr Container Transporter

Ross Straddle Truck

Michigan T 6 K Kranwagen mit Dragline

Michigan T 6 K Kranwagen mit Tieflöffel

Michigan T 6 K Kranwagen mit Tieflöffel

Michigan T 6 K Kranwagen mit Tieflöffel

mal 5,5 t. Er wurde an das Baugeschäft Keller AG in Uster geliefert. Bei diesem Kran wurde damals schon das Ein-Motoren-Konzept umgesetzt (Fahrmotor im Unterwagen treibt auch den Kranoberwagen an). Ein gleiches Gerät bekam ebenfalls noch 1947 die Firma BEL-AG in Rümlang. Bis 1951 kamen noch weitere neun Maschinen dieses Typs dazu, die an verschiedene Kunden ausgeliefert wurden.

Die Modernisierung der Schweizer Armee begann ebenfalls in diesen Jahren. Die zunehmende Mechanisierung und Steigerung der Mobilität der Truppen mit schweren Lastwagen erforderte eine Anpassung der Übersetzmöglichkeiten über unsere zahlreichen Gewässer. So wurden, nebst anderen Truppengattungen, auch die Genietruppen mit modernen Geräten ausgestattet. Die alten Holzbrücken und die Nauen für den Bau von hölzernen Fähren genügten den Anforderungen nicht mehr. Als erstes kamen Stahlträgerbrücken zum Einsatz, die auf eingerammte Holzpfähle abgelegt wurden. Um diese Stahlträger und Pfähle aber handhaben zu können, brauchte es Kranwagen. Diese Ausschreibung gewann Charles Keller AG mit den Michigan-Kranwagen. Im Jahr 1950 bestellte die Schweizerische Armee 46 Michigan-Kranwagen vom Typ 8 T 4 mit einer Hubkraft von 7 t. Das Chassis war zweiachsig ausgeführt und besaß Allradantrieb. Es war im Oberwagen sowie im Unterwagen je ein Benzinmotor von Herkules montiert. Die Maschinen konnten auch mit Greifer, Tieflöffel oder Hochlöffel ausgerüstet werden. In erster Linie aber dienten sie mit dem Gittermastausleger zum Bau der Brücken. Wenn der Ausleger geradeaus nach hinten gerichtet war, konnte der Kran auch mit Last am Haken verfahren werden. Das war für den Brückenbau äußerst wichtig, da sie ja vor Kopf aufgebaut wurde. Nachdem sich das System gut bewährt hatte, be-

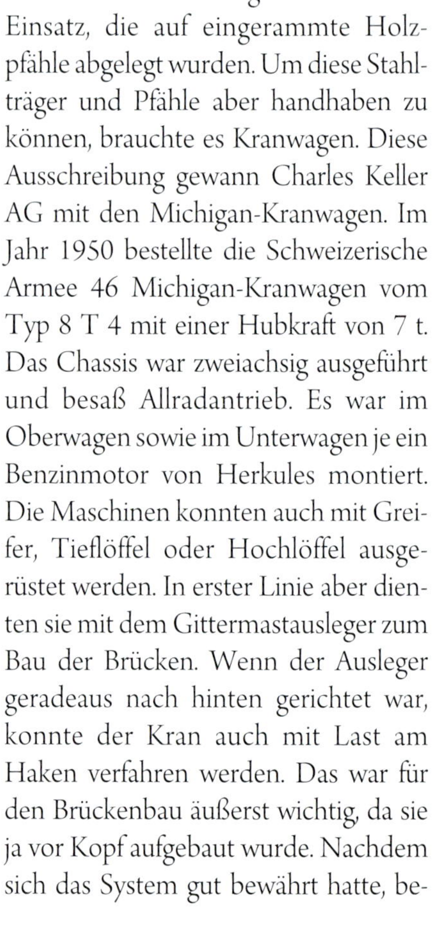

Michigan 8 T 4 Kranwagen der Schweizer Armee

Michigan 8 T 4 Kranwagen der Schweizer Armee mit Dragline-Ausrüstung

Michigan 8 T 4 Kranwagen der Schweizer Armee mit Greifer

Michigan 8 T 4 Kranwagen der Schweizer Armee mit Tieflöffel

Michigan 8 T 4 Kranwagen der Schweizer Armee

Michigan C-16 Seilbagger mit Hochlöffel

Michigan S-20 Kranwagen, zweite Generation der Schweizer Armee

Michigan TM 16 Kranwagen mit Dragline

Michigan C-16 Seilbagger mit Hochlöffel

Michigan T-24 6x6 Kranwagen

stellte die Gruppe für Rüstungsdienste GRD 1959 nochmals zwölf Michigan-Kranwagen, diesmal vom etwas moderneren Typ S-20. Die technischen Daten blieben aber dieselben.

Der Raupen-Seilbagger Michigan C-16 begann ebenfalls 1947 Schweizer Luft zu schnuppern. Angetrieben wurde er von einem GM-DD-Zweitakt-Diesel vom Typ 3-71 mit 72 PS. Erste Kunden waren die Gebrüder Wüest in Luzern und die Firma Bless in Dübendorf, Schnyder-Plüss in Rotzloch und Larcher in Meilen. 1968 bekam die Rheinbaukomission in Rorschach den letzten C-16. Damit waren 15 Stück von diesen Maschinen an Kunden in der ganzen Schweiz ausgeliefert. Es gab auch einen entsprechenden dreiachsigen Kranwagen vom Typ TM 16, der mit einer Dragline, Greifer sowie auch Hoch- und Tieflöffel ausgerüstet werden konnte. Später kam noch der T-24, ein relativ moderner Kranwagen mit 20 t Hubkraft auf drei angetriebenen Achsen mit Spindel-Abstützung. Er wurde auch als Seilbagger angeboten, doch wurden nur wenige davon gebaut. In die Schweiz kamen keine davon.

Im Jahr 1953 kaufte die Clark Equipment Company die Ross Carrier Company auf. Dazu gehörte bereits die Detroit Power Shovel Company, die ihre Seilbagger und Krane unter dem Namen „Michigan" vermarktete. Durch diese Übernahme kam die Clark Equipment Company zum geschützten Markenamen „Michigan".

Die Michigan Radlader

Bei der Firma Frank G. Hough entstand bereits 1950 ein neuer Typ von Radlader, der Typ HM. Mit Heckmotor, vier gleichgroßen Rädern, Allradantrieb, Planetenachsen und Drehmomentwandler war das eine absolut neue, modern gebaute Maschine.

Auch Allis-Chalmers stellte mit dem von der Tochtergesellschaft Tractomotive gebauten Tractoloader TL 12 bereits Ende 1953 eine ganz ähnliche Ladeschaufel her. Sie wies in etwa die selben Merkmale auf.

Ein Herr Namens Clarence Killebrew war Konstrukteur dieser revolutionären Maschine bei Hough. Als die Frank G. Hough 1952 von International Harvester aufgekauft wurde, wechselte er die Firma und heuerte bei Clark an. Ich denke, er wurde von Clark abgeworben, weil man sich vom Radlader im Allgemeinen und speziell von diesem Konzept eine große Zukunft versprach. Von diesem Kuchen wollte man bei Clark auch ein Stück abhaben. Hier entwickelte der begnadete Konstrukteur in sehr kurzer Zeit eine Reihe von neuen Radladern. Bereits im Jahr 1953 wurden einige Prototypen hergestellt und getestet. Das waren jetzt keine umgedrehten Landwirtschafts-Traktoren mehr, sondern echte Arbeitsmaschinen, die von Grund auf als Radlader konzipiert waren. Das heißt: vier gleichgroße Räder, Allradantrieb, Drehmomentwandler, Lastschaltgetriebe, Planetenachsen, Heckmotor, Hinterradlenkung und eine kräftige Hydraulik für die Bewegung der Schaufel. Für den gesamten Antriebsstrang, also Achsen, Getriebe und Wandler, wurden Clark-hauseigene Komponenten verwendet. Die Motoren stammten am Anfang alle von Waukesha, Benzin sowie auch Diesel.

Im Februar 1954 wurde dann die neue Radlader-Baureihe der Serie I der Presse vorgestellt und in den Verkauf gebracht. Damit war die „Michigan Tractor Shovel" offiziell lanciert. Zu Anfang bestand die Serie I aus drei Modellen: dem 75A I mit 0,75-m³-Schaufel, dem 125A I mit 1,25 m³ und dem 175A I mit 1,75 m³ Inhalt. Im Jahr 1957 wurde die Palette durch zwei wei-

Hough HM Payloader, 1949

Allis Chalmers Tractoloader TL 12

Michigan 75A I

Michigan Freunde Schweiz

Michigan 175A I

Michigan 175A I
Michigan Freunde Schweiz

Michigan 275A I

Michigan 375A I
Sammlung Eble

tere Modelle nach oben erweitert. Es kamen noch dazu: der 275A I mit 3,5 m^3 Schaufelinhalt und der 375A I mit 4,5-m^3-Schaufel.

Bei allen diesen Maschinen der Serie I war der Drehpunkt der Hauptauslegerarme hinter dem Fahrersitz angeordnet. Der Fahrer saß ziemlich weit vorne und dadurch führten die Arme seitlich am Führerstand vorbei. Diese Bauart machte die Arbeit mit den Geräten gefährlich, weil immer die Möglichkeit bestand, dass ein unvorsichtiger Maschinist von den sich auf und ab bewegenden Hubarmen verletzt oder bei einem Überschlag sogar getötet werden konnte. Das brachte den Maschinen den wenig schmeichelhaften Namen Witwenmacher oder Halsabschneider ein. Überrollkabinen oder sonstige Schutzvorrichtungen waren damals noch nicht erfunden oder vorhanden. Daran dachte zu dieser Zeit noch niemand.

Charles Keller sah in der Schweiz einen enormen Bedarf an leistungsfähigen Baumaschinen und begann sofort mit dem Import dieser Radlader. Die erste Maschine, ein 125A I, wurde bereits im Februar 1955 an die Firma Müller in St. Gallen ausgeliefert. Im März folgte ein 75A I an Walo Bertschinger und im Mai kam ein 175A I an die Firma Decaillet in Martigny. Im ersten Verkaufsjahr 1955 konnten bereits 28 Michigan-Radlader ausgeliefert werden, davon 20 vom Modell 75A I, drei vom Modell 125A I und fünf vom Modell 175A I. Das war ein riesiger Erfolg und konnte nur bewerkstelligt werden, weil Charles Keller gute Konditionen und sehr kurze Lieferfristen mit dem Werk in Benton Harbor ausgehandelt hatte. Der Verkaufserfolg setzte sich auch 1956 fort. In diesem Jahr kamen 36 Maschinen in Betrieb und 1957 verkaufte man 35 Radlader. Mit diesen Verkaufszahlen wurde Michigan in kurzer Zeit zum meistverkauften Radlader in der Schweiz. Bis zum Frühjahr 1958 stammten alle Maschinen aus USA-Produktion.

Eine optische Ähnlichkeit mit dem von Hough seit 1950 gebauten Payloader Typ HM konnte dabei nicht verleugnet werden. Schließlich hatten sie ja auch denselben Konstrukteur. Damals wie auch heute noch haben alle Maschinenhersteller die Konkurrenz beobachtet und die besten und erfolgversprechendsten Ideen kopiert, soweit sie nicht patentrechtlich geschützt waren!

Der große Erfolg der Michigan-Radlader blieb natürlich auch in Deutschland nicht unbemerkt. Das Land befand sich nach dem Ende des zerstörerischen Krieges im Wiederaufbaumodus. Es musste viel Infrastruktur erstellt oder repariert und viele Häuser komplett neu aufgebaut werden. Dazu wurden natürlich auch Baumaschinen gebraucht. Im Jahr 1956 präsentierte Kaelble, aus dem schwäbischen Backnang, den Radlader Typ SL600. Das war eine exakte Kopie des Michigan 75A I. Er hatte ebenfalls 80 PS, wog auch etwa 8 t und hatte einen Schaufelinhalt von 1 m^3.

In Europa und den USA wurden so viele Michigan-Radlader verkauft, dass die Fabriken ziemlich schnell an die Produktionsgrenze gelangten. Es mussten Mittel und Wege gesucht werden, um die Produktion zu erhöhen. Vielfach behinderten in einigen Ländern hohe Importzölle den Verkauf und machten die Maschinen unnötig teuer. Eine mögliche Lösung war die Fabrikation der Maschinen in den entsprechenden Ländern mit der Vergabe von Lizenzen. Dazu mussten interessierte und auch dafür geeignete Firmen gefunden werden. So entstanden überall auf der ganzen Welt Montagewerke. Wo die jeweiligen Maschinen hergestellt wurden, kann man aus den Seriennummern ablesen. Ein Buchstaben- und Zahlenschlüssel ist dem jeweiligen Produktionsland zugeordnet.

Die Michigan Radlader, ihre Serien und deren Merkmale

Die Entwicklung der Bauserien

Anhand des Modells 175 kann man schön die ganze Evolution der Michigan-Radlader verfolgen. Wie bei vielen Herstellern wurde zwar die Typenbezeichnung beibehalten, aber die Maschinen wurden unter demselben Namen immer größer. Bei Michigan wurden die Entwicklungsstufen, also die Serien, zuerst mit römischen Zahlen, später mit Buchstaben angezeigt.

Die Serie A I – Angefangen 1954 mit dem 175A I. Die Motorleistung betrug etwa 145 PS. Die Schaufel fasste 2 m^3 und die Maschine wog 13 t. Gebaut wurde er bis 1963.

Die Serie A II – Dann kam 1963 der 175A II auf den Markt. Hier betrug die Motorleistung schon 200 PS, die Schaufel fasste 2,2 m^3 und das Gewicht stieg auf fast 17 t. Gebaut wurde diese Maschine bis 1969.

Die Serie A III – In der Zeit von 1967 bis 1974 brachte Michigan den starren 175A III auf den Markt. Bei diesem Modell wurde die Motorleistung weiter auf 210 PS angehoben. Auch die Schaufel wurde etwas größer und fasste nun 2,4 m^3. Das Maschinengewicht blieb bei etwa 17 t.

Die Serie IIIA – Mit dieser Serie 175 IIIA wurde die Knicklenkung eingeführt. Die Motorleistung stieg hier auf 230 PS und der Schaufelinhalt auf 2,8 m^3. Das Gewicht lag konstruktionsbedingt etwas höher und kam auf 19,8 t.

Die Serie B – Schon 1972 wurde der 175 B lanciert. Wiederum stieg die Motorleistung an auf 260 PS, der Schaufel-

Michigan 175A I

Michigan 175A II in einem Steinbruch in England

Michigan 175A III, ex Ott Kieswerk Winterthur, Grube Elgg

Michigan Freunde Schweiz

Michigan 175 IIIA mit Felsschaufel

Michigan 175 B mit Felsschaufel in einem Steinbruch in Norwegen

Michigan 175 C in den USA

Michigan L 190 in Süddeutschland

inhalt erreichte jetzt 3,2 m³. Auch wurde das Gerät nochmals schwerer und kam auf 22 t.

Die Serie C – 1981 bis 1985 war der 175 C erhältlich. Seine Motorleistung wurde wiederum gesteigert und erreichte jetzt 275 PS, die Schaufel fasste 3,8 m³ und das Gewicht stieg auf 25 t.

Die Serie L – Von 1985 bis 1993 wurde der 175 C zum L 190 umbenannt. Die technischen Daten wurden nochmals verändert, die Motorleistung stieg auf 290 PS, der Schaufelinhalt auf 4 m³ und das Gewicht auf 27 t.

So hat sich der 175A I bis zum L 190 in knapp 40 Jahren Produktionszeit in Gewicht, Leistung und Schaufelinhalt ziemlich genau verdoppelt. Das gleiche passierte auch mit allen anderen Typen über die Jahre.

Maschinen der Serie A I

Die Serie A I war die erste der von Clark hergestellten Baureihe von Radladern. Die Produktion begann 1954 und bereits im Jahr 1955 wurden die ersten Maschinen in der Schweiz verkauft. Gebaut wurden die Maschinen der Serie I bis etwa 1963, also ungefähr neun Jahre lang.

Wichtigste Merkmale: Die Lenkung erfolgte über die hintere Achse. Der Fahrersitz befand sich zwischen den Auslegerarmen. Die Hubzylinder waren wie die Hubarme außen am Rahmen angebracht. Die Schaufelkippzylinder befanden sich vorn am Ausleger in einem fast senkrecht stehenden Joch, das durch einen Hilfsrahmen parallel geführt wurde. Diese drückten mit einem sehr kurzen Hebelarm direkt auf die Schaufel, was eigentlich eine schlechte Ausbrechkraft an der Schaufelkante ergab.

Die Baureihe der Serie I-Radlader bestand aus den Modellen 12 B, 55A I, 75A I, 85A I, 125A I, 275A I und 375A I. Clark Michigan hat nie selber Motoren gebaut, aber der ganze Antrieb kam aus den Clark-Werken. Die Maschinen aus USA-Produktion hatten anfangs Waukesha-Motoren, die größeren bekamen GM-Detroit-Zweitakt-Diesel oder Viertakt-Cummins-Diesel-Motoren. Später gab es auch andere Produktionsstandorte, wo dann Länderspezifische Motoren zum Einbau kamen. Maschinen aus Belgien zum Beispiel erhielten DAF-Motoren, aus England kamen jene mit Leyland-Motoren, aus Deutschland Deutz oder Mercedes. Die kleinen Modelle bis 85A I besaßen hydraulische, ab 125A I kamen dann mit Druckluft betätigte Trommelbremsen zum Einsatz.

In diese Zeit fiel auch die Produktion des kleinsten Michigan-Radladers, des Modells 12 B. Er hatte einen Vierzylinder-Waukesha-Diesel vom Typ 180 DLC mit 48 PS oder einen 180 GKB-Benzinmotor mit 40 PS derselben Marke. Das Gewicht lag bei 2,8 t, die Schaufel fasste 0,4 m³. Das war eine kleine und sehr wendige Maschine für den innerbetrieblichen Transport von Schüttgütern in Tonwerken, Gießereien, Futtermittelbetrieben und Chemiewerken. Im Prinzip war das der Vorläufer der heutigen Kompaktlader. Neun Stück konnten während der relativ langen Bauzeit zwischen 1956 und 1970 in der Schweiz verkauft werden, so etwa an die Lonza in Visp (2 Stück), die Steinzeugfabrik Embrach (2 Stück), an die Gießerei der Firma Escher-Wyss in Zürich, ans Mineralmahlwerk Zimmerli in Zürich und an den Lkw-Bauer und Textilmaschinenfabrikanten Saurer in

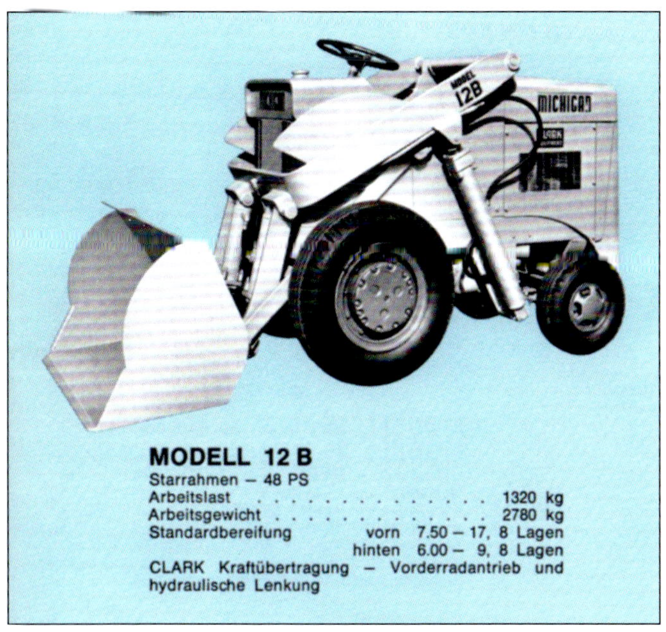

Michigan 12 B, Prospektbild

Michigan 12 B in den USA

Michigan 55A I

Michigan 75A I

Michigan Freunde Schweiz

Michigan 75A I mit Schutzketten

Michigan 75A I mit Frontaufreißer

Michigan Freunde Schweiz

Michigan 85A I

Arbon am Bodensee. Dort wurde der Lader ebenfalls in der Gießerei eingesetzt.

Der 55A I konnte sogar noch mit einem Continental-Benzinmotor bestellt werden. Dieser hatte etwa 65 PS. Der Schaufelinhalt betrug 750 l und die Maschine wog etwa 5 t. Die Maschinen aus englischer Produktion bekamen einen Leyland UE 250 oder einen Ford 595E Diesel mit gleicher Leistung.

Vom 75A I konnten in der Schweiz bei weitem am meisten Geräte verkauft werden, nämlich 241 Stück. Anfangs mit dem Waukesha-Diesel 190 DLC mit 80 PS ausgerüstet und seiner 1-m³-Schaufel war er der Lader für die damals vorherrschenden Zweiachs-Kipper. Sein Gewicht betrug 7,5 t. Die Maschinen aus englischer Fabrikation erhielten teilweise Leyland-UE 350-Motoren mit 90 PS. Dieser Motor war das Vorbild für den DAF DD 575A, der in Holland mit einer Lizenz gebaut wurde und ebenfalls zum Einbau kam, vor allem bei belgischer Montage. Die Leistung betrug bei allen Motorvarianten 80 bis 90 PS.

Die Maschine vom Typ 85A I kam Ende der fünfziger Jahre ins Programm und war nicht so weit verbreitet. Sie füllte die Lücke zwischen dem 75A I und dem 125A I. Gebaut wurde sie nur in den USA, Kanada und Japan bei TCM. Bei diesem Modell war ein Sechszylinder-Waukesha-Benzinmotor vom Typ 195 GK erhältlich, ein Diesel von Cummins JF-6-B1 oder ein GM-DD 3-71. Die Leistungen lagen bei etwa 100 PS. Die Schaufel hatte etwa 1,3 m³ Inhalt, das Gewicht betrug 8 t. In die Schweiz sind wahrscheinlich keine Maschinen dieses Typs verkauft worden, ich habe keinerlei Unterlagen in den Verkaufslisten gefunden.

Mit etwas mehr als 1,5 m³ Schaufelinhalt und 11 t kam der 125A I daher. Die Liste der Motoren ist lang, je nach Produktionsland kam ein 135 GK-Waukesha-Benzin, ein Cummins-JN-Diesel, ein GM-DD 3-71-Zweitakter aus den USA und aus England der DAF DD 575 sowie der Leyland UE 375. Alle entwickelten in etwa so um die 125 PS.

Im 175A I aus den USA kamen die Motoren von GM-DD mit dem 4-71 und der Waukesha 135 DKB zum Einbau, die englischen erhielten den DAF DS 575 oder den Leyland UE 600, aus der deutschen Scheid-Montage kam ein Deutz F6L714, alle mit 145 PS. Die Maschine wog etwa 13 t und die Schaufel fasste 2 m³.

Michigan 125A I

Michigan 175A I

Michigan 175A I

Michigan Freunde Schweiz

Michigan 175A I mit GM-Motor

Michigan 175A I

Michigan Freunde Schweiz

Michigan 175A I

Michigan 175A I, HCEA

Michigan 275A I

Michigan 375A I Sammlung Eble

Michigan 375A I Sammlung Eble

Mit 3,5 m^3 Schaufelinhalt war der 275A I zu der Zeit schon ein großer Radlader. Nur zwei von diesem 22 t schweren Gerät sind in der Schweiz an Zementwerke verkauft worden. Lediglich in den USA produziert, kam ein Cummins NTO 6 BI Turbo mit 260 PS oder ein GM-DD 8V-71 zum Einbau.

Vom größten 375A I kamen keine Maschinen in die Schweiz. Er hatte einen Schaufelinhalt von 4,5 m^3 und einen Cummins-Diesel vom Typ NRTO 6 BI Turbo mit 335 PS bei einem Gewicht von 30 t.

Michigan 55A II, Kieswerk Rehm Lottstetten

Maschinen der Serie A II

Mit der Serie zwei wollte man bei Clark Michigan vom schlechten Ruf der „Halsabschneider"-Konstruktionen wegkommen. Der obere Anlenkpunkt vom Ausleger wurde vor den Fahrerstand verlegt und höher angesetzt, dadurch kam er aber näher an die Vorderachse. Der Ausleger wurde dadurch steiler gestellt und somit ergab sich ein ganz anderer Winkel in der Kinematik, was die Kipplast des Radladers um Einiges verringerte und deshalb die schweren Gegengewichte erforderlich machte. Bei den Kunden kamen diese Maschinen nicht so gut an, weil sie sehr kopflastig waren (bei voller Schaufel). Um das auszugleichen, mussten sie einen Haufen Gegengewicht mit sich herumschleppen. Der Radstand konnte ja nicht beliebig verlängert werden, weil ein möglichst kleiner Wendekreis beibehalten werden musste. Diese Serie II-Maschinen wurden nicht der große Verkaufserfolg. Sie hatten eine Bauzeit von etwa sechs Jahren, von 1963 bis 1969.

Wichtigste Merkmale: Auch hier war die Hinterachse gelenkt. Der Fahrersitz rückte etwa in die Mitte des Fahrzeugs hinter den Schwenkpunkt der Auslegerarme. Der Ausleger blieb im Großen und Ganzen gleich. Die Schaufelkippzylinder waren auf ähnliche Weise vorne am Ausleger in einem parallel geführten Rahmen senkrecht angeordnet und direkt stoßend auf die Schaufel wirkend. In dieser Serie kamen wie bei der Serie I bei kleineren Modellen hydraulische, bei größeren die mit Druckluft betätigten Bremsen zum Einbau.

In dieser Serie wurden die Typen 55A II, 75A II, 85A II, 125A II, 175A II, 275A II gebaut.

Der 55A II aus englischer Fertigung bekam einen Leyland UE 250, einen Perkins P6, einen Ford 2711 E, die Maschinen aus USA-Herstellung waren mit einem Continental-Benzin- oder einem GM-DD 3-53-Zweitakter-Diesel ausgerüstet und hatten alle etwas über 70 PS. Der Schaufelinhalt betrug 1 m^3, das Gewicht betrug 6 t.

Im englischen 75A II kam der Leyland UE 370, im belgischen Modell der DAF DA 475 und im amerikanischen ein GM-DD 4-53 oder ein Cummins JF 6BI zum Einbau. Die Leistung lag bei etwa 100 PS, der Schaufelinhalt war 1,2 m^3 und das Gewicht lag bei 8,3 t.

Michigan 55A II bei einem Bildhauer im Tessin

Michigan 75A II, USA

Michigan 85A II, USA

Michigan 125A II, Tifcontractor

Michigan 125A II, Betonteilefabrik Tobag Saland

Michigan 125A II, Waibel Transporte Neuhausen am Rheinfall

Michigan 175A II, Prospektbild

Michigan 275A II, Prospektbild

Michigan 275A II in einem Steinbruch in den USA

Im 85A II gab es bei den englischen Maschinen den Leyland UE 400, bei den in den USA produzierten Geräten kamen Waukesha-Benzinmotoren, der Cummins JN 130 CI oder der GM-DD 4-53-Zweitakter zum Einbau mit etwa 125 PS. Die Schaufel fasste Standardmäßig 1,5 m³, das Gewicht lag bei 11 t.

Beim 125A II wurden in England und Belgien der Leyland UE 600 verbaut. Hier konnte als Option auch ein Volvo D 96 bestellt werden. Aus den USA kamen die Maschinen mit dem Cummins C-175 oder dem GM-DD 6V-53. Die Leistung lag bei etwa 170 PS, die Schaufel fasste 2 m³ und das Gewicht betrug 14 t.

Der 175A II aus England bekam den Leyland UE 680 Power Plus oder den Rolls-Royce C6N-Motor, die USA-Maschinen den GM-DD 6V-71 oder den Cummins NH 220. Alle lagen bei etwa 215 PS, der Schaufelinhalt betrug 2,7 m³ und das Gewicht 17 t.

Vom 275A II gab es nur die USA-Ausführung mit dem GM-DD 8V-71 oder dem Cummins NT 310. Beide Motoren gaben 310 PS ab. Die Schaufel fasste 3,5 m³ und das Gewicht betrug 28 t.

Maschinen der Serie A, R, F und AWS

Gleichzeitig mit der Serie II wurden auch noch kleinere Maschinen auf den Markt gebracht, nämlich die 35A, 45A, 55A, 65A. Davon gab es Maschinen, bei denen nur mit der hinteren (R = Rear) oder nur mit der vorderen (F = Front) Achse oder aber an beiden Achsen (AWS = All Wheel Steer) gelenkt werden konnte. Alle diese Maschinen waren mit hydraulischen Trommelbremsen ausgerüstet.

Die Maschinen der Größe 35A hatten einen Perkins 4.236-Motor oder einen Ford 592E mit 80 PS. Als Ausleger war ein Monoblock mit einem darüberliegenden, ziehenden Kippzylinder und einem Hubzylinder installiert. Der Schaufelinhalt lag bei 750 l und das Gewicht bei 4,6 t. Der 35 AWS sah äußerlich gleich aus und ist einfach mit einer zweiten Lenkachse bestückt.

Das Modell 45A war entweder mit dem Monoblock oder mit dem Ein-Plattenausleger mit Z-Kinematik, einem Kippzylinder und einem Hubzylinder erhältlich. Der eingebaute Motor war ein Perkins 4.248 mit 75 PS, die Schaufel fasste 1 m^3, das Gewicht lag bei 5 t. Es existierte auch ein Modell 45 AWS.

Das Gleiche war beim Modell 55A möglich. Der Motor aber war ein Leyland UE 370 mit 95 PS, ein Perkins 6.354 oder ein GM-DD 4-53, das Ge-

Michigan 35A im Museum Deutschland

Michigan 35 AWS, Senn Recyclingcenter Brunnen, jetzt Michigan Freunde Schweiz

wicht lag bei 8 t und die Schaufel fasste 1,3 m³. Auch vom 55 gab es eine AWS-Ausführung.

Auch bei den Modellen 65A waren beide Auslegervarianten möglich. Die eingebaute Motorpalette bestand aus dem Leyland UE 400 mit 105 PS, dem Perkins 6.354 oder dem GM-DD 4-53, alle mit der gleichen Leistung. Das Gewicht betrug 8,5 t und der Schaufelinhalt lag bei 1,5 m³. Bei diesem Typ war ebenfalls eine AWS-Variante lieferbar.

Diese Maschinen bekamen keine Serien-Bezeichnung mit römischen Zahlen und wurden in den USA, England und Belgien noch bis zur Einführung der B-Serie weitergebaut, also auch während dem Bau der Serie AIII und IIIA.

Michigan 35 AWS, ex Egolf Straßenbau

Michigan 35 AWS mit Heckbagger, USA

Michigan 35 AWS mit Heugabel, Süddeutschland

Michigan 45 AWS mit Plattenausleger

Michigan 45 A mit Monoboom, Prospektbild

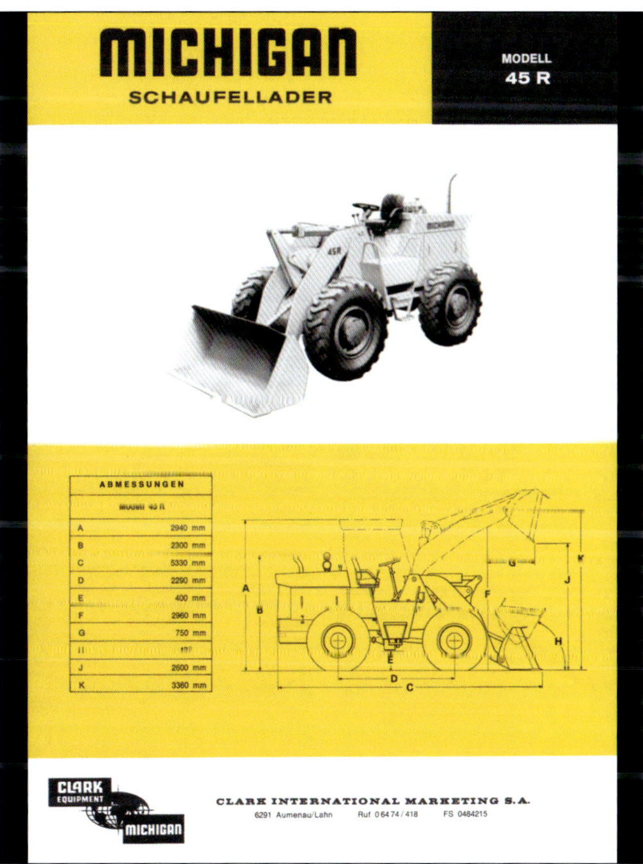

Michigan 45 R mit Plattenausleger, Prospektbild

Michigan 65A mit Monoboom, USA

Michigan 65 AWS mit Plattenausleger, England

Michigan 65 AWS mit Plattenausleger, Schweiz

Michigan 65 AWS mit Plattenausleger, Schweiz

Maschinen der Serie A III

Die Maschinen dieser Serie erhielten neu einen Ausleger mit der sogenannten Z-Kinematik, das heißt, die Schaufel wird über Umlenkhebel bewegt. Der Schaufelzylinder drückt beim Einkippen der Schaufel, was – durch die größere Kolbenfläche im Zylinder – höhere Ausbrechkräfte ermöglicht. Beim alten System war das zwar auch der Fall, aber die stehenden Zylinder hatten einen viel schlechteren Angriffswinkel gegenüber dem Drehpunkt der Schaufel und entwickelten infolgedessen einiges weniger an Ausbrechkraft vorne an

Michigan 75A III, teilrestauriert

Michigan Freunde Schweiz

Michigan 75A III

Michigan Freunde Schweiz

Michigan 75A III, Menzi Transporte Filzbach

Michigan 75A III (kein B-Modell), USA

Michigan 85A III, Schweiz

Michigan 85A III, Toneatti AG Baugeschäft Bilten

Michigan 85A III, Schweiz

Michigan 125A III mit Spezialbemalung, Flums

der Schaufelkante. Der Hauptausleger bestand aus einer aufrecht gestellten Stahlplatte, auf der die Umlenkhebel innen schwenkbar angeordnet waren.

Wichtigste Merkmale: Hier war nach wie vor die Hinterachse gelenkt. Der Fahrersitz befand sich hinter den Auslegerarmen. Bei diesen Maschinen kam nun zum ersten Mal die berühmte Z-Kinematik mit Umlenkhebel für größere Ausbrechkräfte an der Schaufelkante zum Einbau. Alle Maschinen hatten noch Trommelbremsen, entweder hydraulisch oder direkt mit Druckluft betätigt.

Diese Serie umfasste die Modelle 55A III, 75A III, 85A III, 125A III, 175A III, 275A III.

Den 55A III gab es als kleinsten Radlader mit zwei Kippzylindern. Er kam aus belgischer Produktion mit dem DAF DA 475-Motor, hatte 80 PS und ein Gewicht von knapp 7 t. Die Schaufel fasste 1,2 m^3.

Der 75A III kam ebenfalls aus Belgien und wurde mit dem etwas stärkeren DAF DD 575 bestückt, der 110 PS leistete. Die englische Version besaß den Leyland UE 370 mit 113 PS. Die Maschine wog 8,3 t und die Schaufel fasste 1,5 m^3.

Ein Leyland UE 400 mit 115 PS oder ein GM-DD 4-53 mit derselben Leistung trieb den 85A III aus englischer Produktion an. Sein Pendant aus Belgien erhielt den DAF DF 615 A. Sein Gewicht lag bei 9 t und die Schaufel hatte eine Kapazität von 1,6 m^3.

Im 125A III war ein Diesel von Leyland, der UE 680 mit 190 PS verbaut. Diese Maschinen, die in die Schweiz kamen, wurden alle in England gebaut. Das Gewicht betrug 13,5 t und die Schaufel lag bei 2 m^3.

Der 175A III bekam bei englischer wie auch bei der belgischen Produktion den GM-DD 6V-71-Zweitakt-Motor mit 200 PS. Das Gewicht lag bei 17 t und die Schaufel fasste 2,5 m^3.

Als letzter der starren Serie III bleibt noch der 275A III. Aus England kamen zwei Stück davon in der Schweiz mit dem GM-DD 8V-71 in Betrieb. Er leistete 310 PS. Aus amerikanischer Produktion war auch ein Cummins NT 310-C lieferbar. Die Schaufel fasste 4,2 m^3 und das Gewicht lag bei 25 t.

Michigan 175A III, Lötscher Kieswerke Littau

Michigan 275A III, Prospektbild

Maschinen der Serie IIIA

Mit diesen Typen der Serie IIIA wurde etwa 1968 die Knicklenkung eingeführt. Der Buchstabe A hinter der römischen Serienbezeichnung bedeutet „Articulated" Diese Bauart ermöglichte längere Radstände, ohne die Wendigkeit einzu-

Michigan 175A III in einem Steinbruch im Jura

Michigan 55 IIIA, USA

schränken, ja sie erhöhte sie sogar. Der Fahrersitz wurde auf dem hinteren Teil des Radladers angeordnet. Somit wusste der Po immer, wo sich das Heck der Maschine befindet. Bis anhin waren die Michigan-Radlader mit einer relativ einfachen Dreikreis-Hydraulik ausgerüstet. Die jeweiligen Zahnradpumpen waren auf dem Drehmomentwandler montiert und sobald der Motor in Gang gesetzt wurde, arbeiteten auch die Pumpen. Die kleinste war für den Wandler-Getriebe-Kreislauf zuständig. Die mittlere Pumpe bewegte die Lenkzylinder. Die größte Pumpe setzte die Arbeitshydraulik in Bewegung.

Die Maschinen der Serie AIII (mit starrem Chassis) wurden noch eine gewisse Zeit lang weitergebaut, damit der Kunde eine Auswahlmöglichkeit hatte und weil sie günstiger im Preis waren.

Die Serie IIIA bestand aus den folgenden Modellen: 55 IIIA, 75 IIIA, 85 IIIA, 125 IIIA, 175 IIIA, 275 IIIA, 475 IIIA (separates Kapitel).

Wichtigste Merkmale: Das Knickgelenk befindet sich in der Mitte des Achsabstandes, also in einem Verhältnis von 1:1. Der Knickwinkel beträgt beidseitig je nach Modell 30 bis 45 Grad pro Seite. Die Z-Kinematik an der Schaufel wird hier natürlich weiterhin verwendet. Der Ausleger besteht aus einer senkrecht stehenden Stahlplatte, auf der die Umlenkhebel innen schwenkbar angeordnet sind. Ab dieser Serie wurden teilweise auch die mit Druckluft unterstützten hydraulischen Scheibenbremsen eingeführt.

Aus der Serie IIIA möchte ich drei besondere Modelle herausheben. Die ersten Modelle hatten noch den alten Einplattenausleger, aber als Erstes kommt der 55 IIIA 1969 bereits mit einem Doppelplatten-Ausleger, der eigentlich erst 1972 mit der Vorstellung der B-Modelle auf den Markt kommen sollte. Die ersten Maschinen kamen aus

Michigan 75 IIIA, Deutschland

Michigan 75 IIIA, Tessin

Michigan 75 IIIA (falsch beschriftet, kein B-Modell), USA

Michigan 85 IIIA, Rottet Soncebot

USA-Fertigung und waren mit dem GM-DD 4-53-Zweitakt-Motor mit 115 PS bestückt. Für eine kurze Zeit gab es auch Maschinen aus England mit dem Perkins T 6.354-Motor mit ebenfalls 115 PS. Dann wurde das Montagewerk in Strasbourg eröffnet und künftig kamen die Radlader auch mit dem Perkins T 6.354 von dort. Der Schaufelinhalt betrug 1,5 m^3, das Gewicht um die 10 t.

Zum Zweiten den 75 IIIA. Die ersten Modelle aus England bekamen 1969 noch den Cummins C-464-Motor, danach aber ab Herbst 1969 den Leyland UE 500. Dieser Leyland UE 500 ist ein außergewöhnlicher Motor. Sein Hubraum betrug 8,2 l und er brachte etwa 160 PS. Er war als Sechszylinder-Bus-Unterflurmotor konzipiert worden. Der Motorblock bestand aus zwei Teilen, war horizontal über den Kurbelwellenlagern geteilt und verschraubt. Das obere Teil enthielt die Bohrungen für die Kolben mit auswechselbaren Laufbüchsen. Es gab aber keine Zylinderköpfe. Das ganze Oberteil war aus einem Stück gegossen. Eine oben mittig liegende Nockenwelle steuerte die Ventile direkt an. Schwungradgehäuse und Stirnradplatte waren mit dem oberen und unteren Motorteil verschraubt. Um die Wartungsarbeiten so gering wie möglich zu halten und auch die Pannensicherheit zu erhöhen, wurden alle Anbauteile wie Kompressor, Einspritzpumpe, Wasserpumpe und Lichtmaschine über den Stirnradkasten angetrieben. Sie waren alle auf einer Motorseite angeordnet. Es gab also keinerlei Riementriebe oder Zylinderkopfdichtungen, die zu Ärger hätten führen

Michigan 85 IIIA, Luff Abbruch Dasing

Michigan 85 IIIA, Konstantin Marti Unteriberg

Michigan 85 IIIA, Paul Fanger Kieswerk Sachseln

können. Aber die verschiedenen zusammengeschraubten Gehäuseteile arbeiteten dermaßen gegeneinander, dass es trotz allen Tricks und Kniffen fast unmöglich war, diesen Motor auch nur einigermaßen dicht zu bekommen. Die Hauptaufgabe des Bedieners war nebst dem Auftanken am Abend auch, den Ölstand zu kontrollieren und gegebenenfalls Motorenöl nachzufüllen, um den Ölverlust des Tages wieder auszugleichen. Abgesehen davon war der Motor aber recht zuverlässig. Er hatte richtig „Dampf" und wir hatten eigentlich kaum Schäden daran. Aber diese „Ölsardine" hat doch einige Kunden richtig vergrault. Diese Maschinen kamen alle aus englischer Produktion, eine zusätzliche Motoroption war noch ein Perkins V8-510, der aber nur ein einziges Mal für die Schweiz geordert wurde.

Eine ebenfalls etwas kuriose Maschine in dieser Reihe ist der 85 IIIA. Von 1970 bis 1974 angeboten, füllte er die Lücke zwischen dem 75 IIIA und dem 125 IIIA. Schon ab 1970 mit dem Doppelplatten-Ausleger ausgerüstet, wurde er trotzdem als Maschine der Serie IIIA verkauft, obwohl diese Auslegerform eigentlich erst ab 1972 bei den B-Modellen eingeführt wurde. Irgendwann prangte nur noch die Zahl 85 ohne Serienbezeichnung seitlich auf den Auslegerplatten. Vielleicht war das ein Modell, um die Richtigkeit des Doppelplatten-Auslegersystems auf lange Sicht zu testen. Die Maschinen kamen aus den USA anfangs mit dem GM-DD 6V-53N mit 172 PS oder mit dem Cummins-V8-Motor V785-220C mit etwa 188 PS. Der Schaufelinhalt betrug

Michigan 85 IIIA mit selbstgemachtem Überrollkäfig

Michigan 85 IIIA, Otto Koch Baugeschäft

Michigan 125 IIIA (falsch beschriftet, kein B-Modell), USA

2,6 m³, das Gewicht 16 t. Ab Mitte 1971 wurde dieser Typ nach der Eröffnung des Montagewerkes in Strasbourg auch da produziert und mit demselben Cummins-Motor ausgeliefert.

Der Nächste Typ war der 125 IIIA. Aus England kam die Maschine mit dem Leyland-Motor UE 680 oder dem GM-DD 6V-71 mit 200 PS, aus den USA mit dem Cummins V8R/220 C mit gleicher Leistung. Die Schaufel nahm 3 m³ und das Gewicht betrug 19 t.

Im 175 IIIA kam bei in England gebauten Maschinen der GM-DD 8V-71 mit 260 PS oder der Cummins NT 280 mit 230 PS zum Einbau. USA-Maschinen hatten ebenfalls den GM-DD 8V-71 eingebaut. Der Schaufelinhalt lag bei 3,5 m³ und das Gewicht bei 20 t.

Das Modell 275 IIIA gab es aus England wie den USA mit dem Cummins NT 855 C 335 mit 290 PS, später mit 305 PS. Die Schaufel fasste 4,5 m³ und das Gewicht lag bei 28 t.

Michigan 175 IIIA, Paul Fanger Kieswerk Sachseln

Michigan 275 IIIA mit Steingabel, Granitsteinbruch Tessin

Michigan 275 IIIA, Süddeutschland

Michigan 275 IIIA in einem Steinbruch in Frankreich

Michigan 35 B, Triesch Tiefbau Waldbrunn

Michigan 35 B mit Schallschutzvorrichtung, Kies AG St. Gallen Tiefbau

Maschinen der Serie B

Wichtigste Merkmale: Ab der B-Serie waren alle Typen mit Knicklenkung ausgerüstet mit Verhältnis 1:1. Natürlich blieb, wie bei Michigan üblich, der Fahrersitz auf dem hinteren Maschinenteil. Mit der Serie B bekamen alle Maschinen nun die Z-Kinematik. Das war eine enorme Verbesserung der Auslegerkonstruktion für die größeren Maschinen. Die verbesserte Z-Kinematik mit Doppelplatten-Ausleger ergab einen linearen Kraftfluss im Ausleger. Und zwar wurden jetzt die Umlenkhebel der Z-Kinematik zwischen zwei parallel geführten Hauptauslegerplatten pro Seite angeordnet. Dadurch wurde der ganze Ausleger wesentlich stärker und auch widerstandsfähiger gegen Torsion. Der Kraftfluss zur Schaufel erfolgte nun ebenfalls in einer Linie über die Zylinder und Umlenkhebel. Die Lagerflächen der Büchsen und Bolzen in den Gelenken konnten um einiges größer werden und waren damit viel weniger Verschleiß ausgesetzt. Die Durchsicht zum Beladen der Lkw war ebenfalls ausgezeichnet, da keine Zylinder im Ausleger die Sicht nach vorne behinderten. Diese Ausführung ist in meinen Augen einer der besten und robustesten Ausleger für einen Radlader, der je konstruiert wurde. Besonders der 475 B und C waren deshalb außerordentlich be-

Michigan 35 B, Walzen und Verteilen von Silagefutter mit Futtergabel

Michigan 35 B mit Drott 4-in-1-Schaufel, Kiesel Straßenbau Winterthur

liebt bei den Kunden und wurden sehr erfolgreich verkauft.

Mit der Einführung der B-Serie änderten sich, zumindest bei den größeren Modellen, auch die Hydrauliksysteme. Es wurden aber weiterhin günstige Zahnradpumpen verwendet. Beim 125 B kam eine vorgesteuerte Haupthydraulik zum Einbau. Das bedingte eine kleine Zusatzpumpe für den Servokreis. Ab 175 B wurden für die Lenkung und Haupthydraulik Doppelpumpen eingebaut. Die Lenkpumpe schaltete das zweite Element auf By-Pass, wenn eine gewisse Motordrehzahl erreicht war, damit die Lenkung nicht zu schnell wurde. Die Haupthydraulikpumpe schaltete das zweite Element auf By-Pass, wenn ein gewisser Druck erreicht war, um den Motor nicht zu überlasten. Das war der erste Schritt zu einer leistungsgeregelten Hydraulik, aber in Stufen. Der Hauptsteuerblock wurde auch über einen Servokreis angesteuert.

Die B-Serie bestand aus den folgenden Modellen: 35 B, 45 B, 55 B, 75 B, 125 B, 175 B, 275 B, 475 B und 675 B.

Der kleinste, der 35 B, hatte nur einen Kippzylinder. Der Isuzu D 500 PL-Sechszylinder-Diesel leistete 84 PS, der Schaufelinhalt betrug 1 m^3 und die Maschine war 6,6 t schwer.

Der 45 B hatte schon zwei Schaufelzylinder und einen Perkins 6.354-Motor mit 104 PS, die Schaufel fasste

Michigan 45 B mit 4-in-1-Schaufel, Brossi Straßenbau Winterthur

Michigan 45 B, Kiesabbau Wallis

Michigan 55 B, Schweden

Michigan 55 B, Kieswerk Hans Frei Humlikon

Michigan 55 B mit Schutzbügel, USA

Michigan 55 B, Kieswerk Buss Hadamar

1,4 m^3 und das Gewicht lag bei 8,8 t. Diese beiden Geräte wurden in Japan bei TCM gebaut.

Der Doppelplattenausleger kam ab dem Typ 55 B zum Einbau. Aus dem Werk Strasbourg kamen die Radlader mit dem GM-DD 4-53 oder dem neuen Cummins V6-Motor, dem V378-C155 mit 152 PS, einer 2-m^3-Schaufel und einem Gewicht von 11 t.

Der nächstgrößere Typ, der 75 B, bekam ebenfalls einen Cummins-Motor, zuerst den Sechszylinder CT 464-C, dann aber einen V8, den V 504-C210 mit 175 PS. Auch bei diesem Modell war ein GM-DD-Zweitakt-4-71-Motor verfügbar. Eine weitere Option war noch ein Motor von Perkins vom Typ V8-510. Die Schaufel fasste 2,5 m^3 und das Gewicht lag bei 14 t.

Auch der 125 B hatte eine Cummins V8 montiert, aber einen aufgeladenen VT 555-C240 mit 225 PS. Die GM-DD-Option war ein 6V-71N65. Bei einem Maschinengewicht von 19 t fasste die Schaufel 3,2 m^3.

Der nächste Typ in der Baureihe war der 175 B, eine Maschine in der Klasse der 3,5-m^3-Lader mit einem Gewicht von 23 t. Die Motorenauswahl bestand bei allen Montagewerken, also USA, Kanada und Frankreich, aus dem GM-DD 8V-71N oder dem Cummins NT 855-C310 mit anfangs 280, später mit 310 PS.

Michigan 55 B,Senn Recycling Center Brunnen

Michigan 55 B mit Schnellwechsler für Gabel, Kranausleger und Schaufel, Kuhn Autoabbruch Winterthur

Michigan Freunde Schweiz

Michigan 55 B, Sommer Abbruch

Michigan 55 B

Michigan 75 B, Betonwerk St. Margrethen Schweiz

Michigan 75 B, USA

Michigan 75 B, Frankreich

Michigan 75 B, Sandverladen in Saudi Arabien

Michigan 75 B, Straßenbau in Spanien

Michigan 75 B, zuerst an ein Kieswerk verkauft, dann Einsatz beim Bau des Vereina Eisenbahntunnels, dann 20 Jahre auf einem Pferdegestüt, Geschenk vom Besitzer
Michigan Freunde Schweiz

Michigan 75 B mit Schutzdach, Kiesabbau in Australien

Michigan 75 B mit Lärmschutzpaket, Transporte H. Fischer Chur

Michigan 125 B mit Lärmschutzpaket, Ziegelei Hochdorf

Michigan 125 B mit Schutzketten, Steinbruch in England

Michigan 125 B mit Ketten in der Schaufel, Ziegelei Hochdorf

Michigan 125 B, Kieswerk in Finnland

Michigan 125 B, Kieswerk in Schweden

Michigan 175 B, Kieswerk Calanda AG Chur

Michigan 175 B, USA

Michigan 175 B, USA

Michigan 175 B mit Steingabel, Granitsteinbruch Tessin

Michigan 275 B

ex Sammlung Eble

Michigan 275 B, Kieswerk Reichenau

Michigan 275 B mit Steingabel, im Tessin

Michigan 275 B mit Michigan 55 B, Schrottumschlag, Hafen in Belgien

Michigan 275 B, Kieswerk in Belgien

Michigan 275 B mit Felsschaufel im Granitsteinbruch im Tessin

Michigan 275 B, Baustelle in Saudi Arabien (rechts im Bild der Autor)

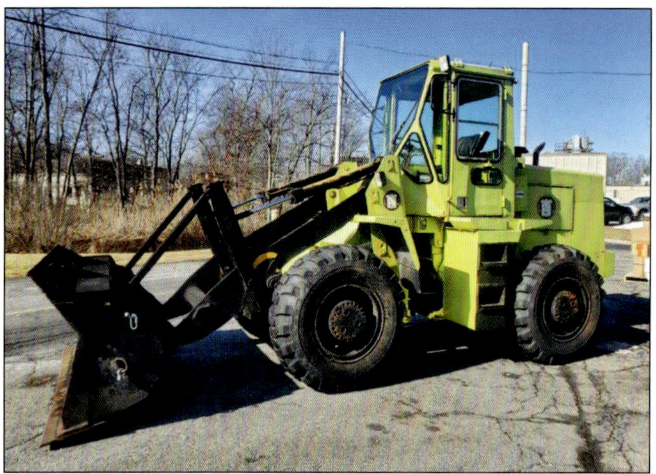

Michigan 35 C, USA

Michigan 35 C, Conexpo 1981, Houston

In der Klasse der 5-m³-Lader war der 275 B angesiedelt. Anfänglich war ein Cummins NTA 855C-385 mit 350 PS, später ein Cummins KT 1150-C400 mit 360 PS verbaut. In Amerika war er mit einem GM-DD 8V-92 erhältlich. Diese doch schon recht große Maschine hatte ein Betriebsgewicht von 36 t. Die in Europa verkauften Maschinen kamen alle aus der Fabrik in Strasbourg. Da gab es nur die Cummins-Motorausstattung.

Darüber hinaus standen noch der 475 B und der 675 im Programm. Diese Maschinen werden aber je in einem separaten Kapitel besprochen.

Michigan 45 C, Kieswerk Aadorf

Maschinen der Serie C

Die vollständige C-Serie wurde 1981 an der Conexpo (damals größte Baumaschinenmesse der Welt) in Houston/Texas der Öffentlichkeit vorgestellt. Bei den großen Maschinen, ab 75 C, blieb die generelle Konstruktion unverändert. Es wurde nur das Aussehen etwas modernisiert mit neuen Kabinen mit integriertem Überrollschutz, geänderter Karosserie, Lampen und so weiter, Kosmetik also. Die Modelle 35C, 45C und 55C bekamen einen neuen Ausleger, diesmal eine Ausführung mit einer stehenden Platte und darüber liegendem

Kippzylinder ohne Z-Kinematik. Ich denke, diese Änderung erfolgte, um die Herstellungskosten zu reduzieren und damit konkurrenzfähig zu bleiben. Stahl kostet Geld und die Herstellung der Maschinen auch! Bei dieser Größe von Maschinen handelt es sich ja nicht um Gewinnungsgeräte, die eine hohe Ausbrechkraft an der Wand erfordern, sondern ihr Einsatzgebiet umfasst mehr die Rückverladung von losen Materialien oder sonstige Umschlagsarbeiten.

Wichtigste Merkmale: Die Z-Kinematik kam jetzt nur noch bei größeren Geräten zum Einsatz. Ab 1985, nach Gründung der VME und Integration von Clark Michigan erfolgte eine Farbänderung: Maschine gelb, Ausleger schwarz.

Vom 35 C gelangten keine Maschinen in der Schweiz zum Einsatz, da man zu der Zeit immer noch den 35 B aus japanischer Produktion verkaufte. Aus USA-Produktion hatte der 35 C einen GM-DD-Zweitakt-Diesel vom Typ 3-53N mit 82 PS, eine Schaufel mit 1 m^3 Inhalt und ein Gewicht von 8 t.

Im 45 C aus französischer Montage wurde der Perkins 6.354.4 verbaut. Er leistete 110 PS, die Schaufel fasste 1,5 m^3 und er wog 9,7 t. Aus brasilianischer Montage kam er mit einem MB-Motor Typ OM 366 mit 120 PS.

Im 55 C war in der Straßburg-Version ein V6 Cummins vom Typ V-378C mit 123 PS eingebaut, aus Brasilien kam er mit einem MB OM 366 mit 120 PS. Die Schaufel fasste 1,7 m^3 und das Gewicht lag bei 11,5 t. Aus Brasilien gab es einen 55 C-I. Dieses Gerät unterschied sich durch ein Servo-unterstütztes hydraulisches Steuerventil

Der 75 C aus Frankreich besaß einen GM-DD 4-71T-Zweitakter mit 141 PS oder den Cummins V8 vom Typ V-504C mit 154 PS. Die Montage erfolgte in verschiedenen Werken. Die Schaufel fasste 2,1 m^3, das Gewicht lag bei 14 t.

Michigan 45 C, USA

Michigan 55 C, Steinbruch Schnorpfeil Traben Trarbach

Michigan 75 C, Fertigbeton St. Margrethen

Michigan 75 C, USA

Michigan 75 C, Marco Fabiano Transporte

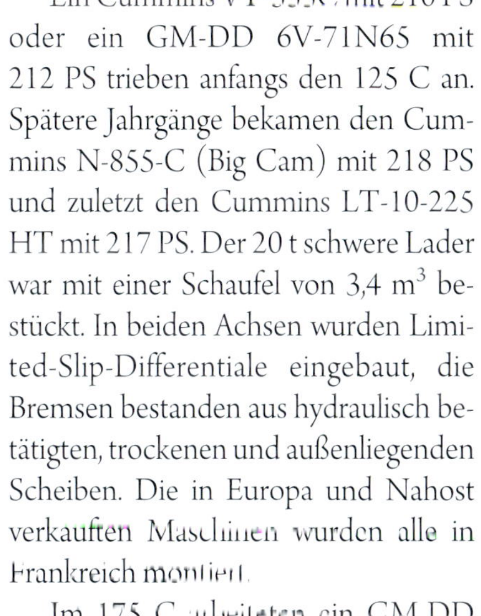

Ein Cummins VT-555C mit 210 PS oder ein GM-DD 6V-71N65 mit 212 PS trieben anfangs den 125 C an. Spätere Jahrgänge bekamen den Cummins N-855-C (Big Cam) mit 218 PS und zuletzt den Cummins LT-10-225 HT mit 217 PS. Der 20 t schwere Lader war mit einer Schaufel von 3,4 m^3 bestückt. In beiden Achsen wurden Limited-Slip-Differentiale eingebaut, die Bremsen bestanden aus hydraulisch betätigten, trockenen und außenliegenden Scheiben. Die in Europa und Nahost verkauften Maschinen wurden alle in Frankreich montiert.

Im 175 C arbeiteten ein GM DD 8V-71N-Zweitakter mit 204 PS oder ein Cummins NT-855C mit 208 PS. 3,8 m^3 fasste die Schaufel und das Gewicht lag bei 25 t. Bei diesem Typ kam erstmals eine Getriebemodulation zum Einsatz, das heisst eine leicht verzögerte Schaltung der Kupplungen im Getriebe, um Schläge auf den Antriebsstrang abzudämpfen. Die Limited-Slip-Differentiale kamen in der Hinter- wie Vorderachse zum Einbau.

Michigan 75 C mit Schneeschild, USA

Michigan 125 C mit Ketten in der Schaufel, Ziegelei Hochdorf

Michigan 125 C mit Steingabel und Schutzketten, Deutschland

Michigan 125 C, Kieswerk Schnyder Schüpfheim

Michigan 125 C, USA

Michigan 175 C, Steinbruch in Italien

Michigan 175 C, USA

Der 275 C wurde von einem Cummins KT-1150C mit 268 PS, später mit dem Cummins KT 19C mit gleicher Leistung angetrieben. Mit der Schaufel von 5,4 m³ war die Maschine 37,5 t schwer. Ein langer Ausleger stand als Option zur Verfügung. Limited-Slip-Differentiale waren Standard wie die mit Druckluft betätigten hydraulischen Scheibenbremsen.

Maschinen der Serie L

Nach der Übernahme von Clark Michigan durch Volvo und der Gründung von VME (Volvo-Michigan-Euclid) 1985 wurden die kleinen Michigan-Typen bis und mit 75 C aus dem Programm genommen und durch die Volvo-Gerätereihe ersetzt. Die Produktion wurde nun unter dem Namen VME-Michigan fortgesetzt. Die größeren Maschinen bekamen neue L-Typenbezeichnungen analog der Volvo-

Michigan 275 C, unten im Bild mit Mack M 35 Mulde, Basaltsteinbruch im Westerwald

Michigan 275 C mit Steingabel und Schutzketten, Deutschland

Michigan 275 C mit Felsschaufel, Deutschland

Michigan 275 C mit Steingabel und Schutzketten, Lino Polti Graniti Arvigo

Michigan L 140, Prospektbild

Michigan L 140, USA

Michigan L 140, USA

Michigan L 190,
Süddeutschland

Michigan L 270 B,
Paul Fanger Kieswerk
Sachseln

Nomenklatur. Dadurch wurde der 125 C zum L 140, der 175 C zum L 190, der 275 C zum L 270 und der L 320 neu ins Programm eingefügt. Dieser L 320 hatte keinen Doppelplatten-Ausleger mehr, war also schon etwas an eine Volvo-Konstruktion (dem späteren L 330) angelehnt. Der Ausleger bekam eine Querstrebe zur Aufnahme der Umlenkhebel, die die Sicht nach vorne durch den Ausleger erheblich einschränkte. Der 475 C wurde nun in L 480 umbenannt. Auch das Aussehen wurde wieder geändert, eine neue Karosserie mit schräg gestellten Heck- und Seitenblechen wurde nun verbaut. Die Heckleuchten wanderten wieder nach unten in den massiven Stoßbalken. Die Ausleger blieben schwarz, die Maschinen selbst kamen in Gelb daher. Ab Mitte 1992 gab es für die letzten zwei Produktionsjahre noch B-Versionen, den L 270B und den L 480B. 1995 rollten die letzten VME-Michigan-Radlader in St. Thomas in Kanada von der Montagelinie. Der Name Michigan wurde somit wie vieles andere auch zur Geschichte.

Michigan L 320 mit Steingabel, Antonini Graniti e Marmi

Wichtigste Merkmale: Die Z-Kinematik wurde bei allen übriggebliebenen Maschinen beibehalten sowie der Doppelplattenausleger (außer L 320). Eine moderne, neue Karosserie wurde über den alten Rahmen gestülpt. Das Zeitalter der Servosteuerungen für die Hydraulik wurde bei Michigan schon mit der B-Serie eingeläutet. Neu waren die Bedienungshebel, die für die Schaufel beim L 480 in die rechte Armlehne integriert waren.

Der L 140 bekam den neuen Motor von Cummins, den Typ LT-10-225 HT mit 205 PS. Die Schaufel fasste 3 m³ und das Gewicht lag bei 19 t.

Beim L 190 kam ein Cummins NTA 855-C335 mit 290 PS zum Einbau. Die Schaufel fasste 4,4 m³, die Maschine wog 29 t. Erstmals war hier ein um 50 cm längerer Ausleger verfügbar zum Beladen von Lkw mit hohen Bordwänden.

Im L 270 arbeitete der Cummins KT 19-C360 mit 360 PS. Die Schaufel hatte einen Inhalt von 5,4 m³, das Gewicht lag bei 41,5 t. Beim L 270 B blieb der Motor derselbe, die Achsen erhielten aber jetzt nasse Lamellenbremsen. Schaufelinhalt und Gewicht blieben ungefähr gleich.

Auch im L 320 arbeitete der Cummins KTA 19-C450, aber mit Ladeluftkühlung kam er auf 415 PS. Auch bei diesem Modell bestanden die Bremsen aus Lamellen im Ölbad. Der Schaufelinhalt lag bei 6 m³, das Gewicht der Maschine bei 44 t. Es wurde ebenfalls eine Version mit langem Hubarm angeboten.

Michigan L 320 mit langem Ausleger, Basaltsteinbruch im Westerwald

Michigan 475 IIIA auf Euclid-Dreiachser, Kohleverlad Pennsylvania

Michigan 475 IIIA mit Muldenkipper T-65, Straßenbau in den USA

Michigan 475 IIIA, Transport in der Schweiz

Michigan 475 IIIA, Straßenbau in den USA

Der Michigan 475 und L 480

Bereits 1966 erblickte das erste Modell, der 475 IIIA, das Licht der Welt, ausgerüstet mit einem Cummins V 12-Viertaktdieselmotor vom Typ VT 1710C-635 mit 635 PS. Der Schaufelinhalt betrug in der Standardausführung 9 m^3. Das Einsatzgewicht lag bei etwa 70 t. Ein solches Gerät wurde in der Schweiz an verschiedenen Orten vorgeführt. Es kam aber zu keinem Verkauf und die Maschine wurde vermutlich nach Deutschland in ein Zementwerk verkauft. Zwei weitere 475 IIIA konnten 1970 durch die Filiale Düsseldorf der Charles Keller AG ebenfalls in ein deutsches Zementwerk geliefert werden.

Im Jahr 1975, inzwischen zum 475 B mit 700 PS geworden, konnten zwei Maschinen an das Zementwerk Holderbank in Rekingen verkauft werden. Sie bekamen Reifenschutzketten auf allen Rädern und hinten wurden die Reifen noch mit einer Salz-Wasserlösung (zum Schutz vor Frost) gefüllt. Somit wog ein Hinterrad komplett mit Felge, Reifen, Wasser und Kette etwa 7 t. Ihre Aufgabe war es, im Steinbruch die mobile Brechanlage mit Ton und Mergel zu beschicken. Vom Brecher aus ging das Material auf einem Förderband dann etwa einen Kilometer zum Zementwerk und dort in große Silos zur Zwischenlagerung.

Nach zehn Jahren im Betrieb wurden 1985 die Maschinen durch zwei 475 C ersetzt. Diese erhielten die gleichen Motoren mit ebenfalls 700 PS und waren 76 t schwer. Nach dem Zusammenschluss 1985 von Clark Michigan mit Volvo und Euclid zur VME bekam der 475 C eine neue Bezeichnung und blieb ab 1987 als L 480 mit 725 PS und 81 t Gewicht noch bis zum Schluss im Verkaufsprogramm. Die Standardschaufel fasste 9,6 m^3. Vom L 480 konnte die Firma Notz 1989 noch drei Exemplare an Zementwerke in der Schweiz liefern. Zwei arbeiteten bei der Portland-Zementfabrik in Reuchenette und ein weiterer kam im Zementwerk Holderbank in Rekingen zum Einsatz. In den neunziger Jahren wurde das Zementwerk Rekingen stillgelegt und alle Maschinen verkauft. Soweit ich weiß, waren die 475 B und C sowie der L 480 sehr robust gebaute Maschinen und machten kaum Probleme. Auch im süddeutschen Raum arbeiteten über zehn 475 B und später C-Modelle in verschiedenen Zementwerken und Steinbrüchen zur vollsten Zufriedenheit der Betreiber. Sie wurden wegen ihrer Zuverlässigkeit sehr geschätzt und weltweit sehr gut verkauft. Etwa im Jahr 1992 erschien noch ein L 480 B. Das Gewicht, der Cummins-Motor, die Leistung und die Schaufel blieben gleich. Die größte Neuerung betraf das Bremssystem, das ab jetzt aus einem im Ölbad laufenden und gekühlten Lamellenpaket in den Radnaben bestand.

Vom 475 C und L 480 gab es eine Spezialversion mit der Zusatzbezeichnung „Turbo". Diese Maschine hatte ein ganz spezielles Antriebskonzept. Dabei waren insgesamt drei Drehmomentwandler in der Maschine verbaut, der große wie normal direkt am Motor angeflanscht, die beiden anderen kleineren im Getriebe integriert. Es gab nur zwei Geschwindigkeiten, die Arbeitsstufe und die Fahrstufe. Im Arbeitsgang vor- oder rückwärts wurde je ein verstellbarer Wandler im Getriebe über das Gaspedal aktiviert und gesteuert. Der große Drehmomentwandler war gesperrt. So konnte der Motor mit konstanter Drehzahl betrieben werden und die Kraft und Geschwindigkeit wurde von der Stellung der Leitschaufeln im Wandler bestimmt. Das ergab sehr schnelle Ansprechzeiten und Arbeitsspiele, also beste Voraussetzungen zum Laden von Muldenkippern. Im Fahr-

Michigan 475 B, Steinbruch in den USA

Michigan 475 B, Süddeutschland

Michigan 475 B, Kohlemine in Pennsylvania

Michigan 475 B, Zementwerk Rekingen Schweiz

Michigan 475 B, Steinbruch in Finnland

Michigan 475 B, USA

Michigan 475 B, Zementwerk in Italien

Michigan 475 C, USA

Michigan 475 C, Museum Deutschland

Michigan 475 C, Zementwerk in Frankreich

Michigan L 480, Zementwerk in Frankreich

Michigan L 480, Zementwerk Rekingen

Michigan L 480, Zementwerk Rekingen

Michigan L 480, Zementwerk in Frankreich

Michigan 475 C Turbo, USA

Michigan 475 C Turbo, Goldmine in Australien

modus wurde der große Wandler aktiviert und die beiden Getriebewandler gesperrt. Sehr viele Turbo-Maschinen sind aber wahrscheinlich nicht verkauft worden trotz der eigentlich sehr guten Idee. Ich habe einen davon in Australien gesehen, der aber schon für längere Zeit abgestellt war. Ich hätte gerne mit dem Fahrer über die Vor- und Nachteile gesprochen, habe aber leider niemanden angetroffen.

Der Großradlader Michigan 675

Als 1969 in der Clark Company beschlossen wurde, einen Großlader zu bauen, war die Zeit eigentlich noch gar nicht so richtig reif dafür. Aber die Konstrukteure ahnten, dass für solche Großgeräte in Zukunft ein Markt entstehen würde. Die Transportfahrzeuge und auch die Seilbagger hatten inzwischen eine respektable Größe erreicht. Mehrere Firmen hatten Großgeräte auf dem Zeichenbrett, die in Kürze auf dem Markt erscheinen sollten. Dass Radlader wesentlich flexibler einzusetzen sind als Bagger, ist eine unbestrittene Tatsache. Er lässt sich sehr schnell von einer Abbausohle auf die nächste umsetzen und ist beim Sprengen ebenso schnell aus der Gefahrenzone zu bewegen. Aber außer den wenigen, unhandlichen Prototypen von LeTourneau gab es noch nichts Vernünftiges zu kaufen. Also machte man sich bei Clark ans Werk und schuf einen richtigen Giganten. Doppelt so groß und schwer wie der 475 sollte er werden. Mit 18 m³ Schaufelinhalt, einem Gewicht von 159 t und einem Motor mit etwa 1200 PS. Damit konnten Muldenkipper mit einer Nutzlast von 120 bis 150 t mit vier bis fünf Ladespielen beladen werden. Mit der riesigen Schaufel war die Maschine aber auch für den Load-and-Carry-Betrieb geeignet.

Michigan 675, Prototyp mit schmalen Reifen

Michigan 675, Prototyp im Testeinsatz

Der erste Prototyp sollte einen GM-DD 16V-149-Motor mit 1200 PS erhalten, doch es fand sich kein passender Drehmomentwandler, der in der Lage war, das enorme Drehmoment dieses Motors auch umzusetzen. Es gab nur einen Weg aus dem Dilemma: Zwei Motoren und zwei Wandler! Man wusste zwar, dass dieses Konzept mit einigen Problemen behaftet ist. Man muss die Leistungsabgabe der beiden Motoren synchronisieren und eine Belastungsbalance finden, um keinen der beiden Antriebe zu überlasten. Auch schnellen die Betriebskosten bei zwei Antrieben in die Höhe. So kamen zwei GM-DD 16V-71N-65-Motoren mit je 572 PS zum Einbau. Daran angeflanscht wurden die Drehmomentwandler, die auf nur ein Getriebe mit zwei Eingangswellen wirkten. Der eine Wandler war standardmäßig gebaut und trieb die Vorwärtsgangwelle an. Der zweite Wandler bekam ein Umkehrgetriebe und gab seine Kraft über die Rückwärtsgangwelle an das Getriebe ab. Das Getriebe selbst war von konventioneller Clark-Bauart, mit je einer Kupplung für vorwärts und rückwärts, je eine Kupplung für langsam und schnell sowie je eine weitere für den ersten und zweiten Gang. Somit waren vier Geschwindigkeiten in beide Richtungen verfügbar. Es war immer ein Alleinstellungsmerkmal und ein großer Vorteil vom Clark-Getriebe, dass die Kupplungen außerhalb des Getriebegehäuses angebracht sind. Damit sind sie, wenn nötig, sehr leicht zugänglich und einfach zu reparieren und zu warten. Das galt übrigens für alle größeren Michigan-Maschinen. Die Achsen wurden speziell für den 675 entwickelt und gebaut. Bis Dato hatte noch kein Kunde so große Achsen von Clark verlangt. Beide Achsen bekamen Limited-Slip-Differentiale, die ähnlich wie eine automatische Differentialsperre funktionieren. Um die vier Hubzylinder, die zwei Schaufelkippzylinder und die beiden Lenkzylinder zu betätigen, musste ein umfangreiches Hydrauliksystem installiert werden. Insgesamt vierzehn Hydraulikpumpen (in der letzten Version) waren auf den beiden Drehmomentwandlern montiert und davon angetrieben. Zwei Pumpen versorgten die Lenkung mit Öl, während vier Doppelpumpen und eine Hilfspumpe die Haupthydraulik speisen mussten. Eine weitere Pumpe sorgte für genügend Druck im Bremskreislauf. Die verbleibenden zwei Pumpen arbeiteten im getrennten Kreislauf für Wandler und Getriebe und sorgten für den notwendigen Kupplungsdruck. Das Öl bezogen die Pumpen aus einem 1900 l fassenden Hydrauliktank, der auf der rechten Fahrzeugseite angebracht war. Der Brennstofftank befand sich auf der linken Seite und fasste etwa 2000 l. Das allergrößte Problem für die Konstrukteure war es, auf dem Markt einen geeigneten Reifen zu finden. Dieser musste enorme Gewichte ertragen, wenn der Radlader an der Wand die Schaufel füllte. Dabei liegt das ganze Maschinengewicht plus die Kraft der Hydraulik und die Füllung der Schaufel auf zwei Vorderreifen! Viele von uns kennen das Foto des Prototyps, wie er aus der Montagehalle gefahren wird. Die schmalen Reifen geben der Maschine ein etwas seltsames Aussehen. Da nichts anderes zur Verfügung stand, hatte man auf Reifen von Muldenkippern zurückgreifen müssen, die eindeutig nicht für den Einsatz auf einem Radlader vorgesehen waren. Es war die Größe 36.00-51, 58 PR, die auf den 170-t-Muldenkippern von Euclid beim R 170 oder dem Wabco Haulpak 170 verwendet wurden. Die Reifen entpuppten sich denn auch als der größte Schwachpunkt, als die Maschine unter realen Bedingungen im Steinbruch getestet wurde. 1981 habe ich die Conexpo in Houston in Texas besucht. Das war damals die größte Baumaschinenmesse der Welt in Amerika und fand im und um den riesigen Astrodome statt, einem Football-Stadion. Dort sah man Maschinen, die es in Europa gar nicht gab. Heute ist das auch anders geworden. Clark Michigan stellte damals die gesamte neuentwickelte Radlader-Baureihe der Serie C vor. Vom Kleinsten 35 C mit 1 m^3 Schaufelinhalt bis zum Größten 675 C mit 18 m^3 war alles ausgestellt. Böse Zungen behaupteten, dies sei der letzte 675 B gewesen, der gebaut wurde, aber nicht mehr verkauft werden konnte. Mit etwas Farbe und neuen Aufklebern sei er zum 675 C aufgemotzt worden. Eine imposante Maschine, wenn man daneben steht und sogar darauf herumklettern kann! Auf dem Messestand lernte ich einen Ingenieur kennen, der bei der Entwicklung des 675 von Anfang an mit dabei gewesen war. Mit ihm konnte ich eine ganze Weile plaudern und ihn ausfragen. Er erzählte mir von den vielen Problemen mit den Reifen, die am Anfang aufgetreten sind. Manchmal wären auf der Vorderachse an einem Tag zwei davon mit einer riesigen Staubwolke förmlich explodiert, weil sie der hohen Belastung nicht standgehalten haben. Auch haben die Felgen in den Reifen gedreht, ein Zeichen dafür, dass die Kraft der Maschine nicht vollständig auf den Boden übertragen werden konnte. Für solche Belastungen waren diese Reifen einfach nicht konstruiert und auch nicht gedacht. Die Ingenieure haben bei verschiedenen Reifenherstellern angefragt, ob sie in der Lage wären, ihnen einen passenden Reifen herzustellen. Das Interesse blieb aber bescheiden, da man sich keine großen Absatzchancen erhoffen konnte. Im Jahr 1975 brachte Michelin die Grösse 50,5-51 XRD2 (L5) auf den Markt. Dieser wurde sofort ausprobiert und lieferte passable Leistungen ab. Es war aber immer noch nicht ganz das Richtige. Bei den Testeinsätzen kamen aber auch noch ein paar andere Unzulänglichkeiten in der Auslegung und Berechnung der ganzen Maschine zum Vorschein. So hat die Steigfähigkeit des Laders die Leute nicht gerade vom Hocker gerissen. Es fehlten einfach ein paar „Pferdchen“. Diesem Problem begegnete man, indem die einzelne Motorleistung auf 658 PS erhöht wurde. Somit standen 1316 PS zur Verfügung. Auch die Arbeitsgeschwindigkeit der Hydraulik war nicht überwältigend. Die Leistung des Hydrauliksystems musste deshalb ebenfalls gesteigert werden. Dazu baute man eine Zuschaltpumpe ein. Nach diesen und noch einigen weiteren kleineren Modifikationen brachte die Maschine endlich zufriedenstellende Leistungen im Load-and-Carry-Betrieb und auch beim Laden von Muldenkippern. Mittlerweile zeigten auch potentielle Kunden Interesse an der Maschine. Für die Produktion wurde das Gerät nochmals technisch und optisch überarbeitet. Es gab eine neue Kabine und der Überrollschutz wurde angepasst. Einige Maschinen bekamen eine starke Lichtanlage für die Nachtarbeit. Sie wurde von einem Onan-Generator hinter der Kabine gespeist. Bei allen folgenden Maschinen nach dem ersten Prototyp wurden nur noch je zwei Cummins V 12-Motoren vom Typ VT- 1710-C-700 verbaut.

Vom Michigan 675 sind insgesamt 14 Maschinen gebaut worden:

- 2 Prototypen: hergestellt 1970
Serien-Nummer:
436 A 101 L (GM-DD-Motoren)
436 A 102 L (Cummins-Motoren)
- Erstes Produktionslos: hergestellt 1977 bis 1979, sechs Maschinen
Serien-Nummer:
436 B 101 L bis 436 B 106 L

Erst jetzt, 1979 kam Good-Year mit dem richtigen Reifen auf die Bühne. Die Grösse 67-51 wurde speziell für solche Großgeräte entwickelt. Damit konnte der 675 endlich zeigen, was wirklich in ihm steckte. Er war stark genug, um auch den härtesten Belastungen zu widerstehen.

- Zweites Produktionslos: hergestellt 1980 bis 1981, sechs Maschinen (B-Modelle)
Serien-Nummer:
438 C 101 L bis 438 C 106 L
- Modifizierte und umgebaute Maschinen, keine Neumaschinen, vier Geräte
Serien-Nummern:
438 C 107 L bis 438 C 110 L

Diese Serien-Nummern wurden an Maschinen vergeben, die aufgearbeitet wurden, so an die zwei Prototypen und an eine Maschine aus dem ersten Produktionslos sowie die letzte, nicht verkaufte Maschine, die zum C-Modell aufgerüstet wurde und in Houston ausgestellt war. Dieser einzige 675 C wurde erst später nach Kanada verkauft.

Alles in allem gesehen, war der Michigan 675 keine Erfolgsgeschichte. Er war der Zeit weit voraus, zu groß und wahrscheinlich zu teuer. Um ein wirtschaftlicher Erfolg zu werden und die Entwicklungskosten wieder hereinzuholen, hätte man mindestens 50 Stück davon verkaufen müssen. Das sagte

Michigan 675 C, Conexpo Houston, 1981

man mir damals in Houston! Heute gebaut, hätte er bestimmt auch nur noch einen Motor und einen Wandler. Damit wäre die Wirtschaftlichkeit eher gewährleistet. Seit vor jetzt bald 30 Jahren die CAT 994, sie entspricht von der Größe her etwa dem 675, 1993 auf den Markt kam, sind inzwischen weit mehr als 400 Stück verkauft worden. Von solchen Zahlen hat man bei Clark noch nicht einmal zu träumen gewagt! Daraus kann man ersehen, wie sich ein Markt mit der Zeit verändert. Der 675 hat zwar neue Maßstäbe gesetzt, aber der Erfolg blieb leider aus. Schlussendlich konnte man aber bestimmt gewisse Erkenntnisse gewinnen und in spätere Konstruktionen einfließen lassen. Zwischenzeitlich ist auch der letzte verbliebene 675, der in den USA noch bei einem Händler stand, verschrottet.

Michigan 675 mit Michigan 45 B

Michigan 675, Bewegen von Abraum

Michigan 675, Ladearbeit im Kohletagebau

Die Produktion der Michigan Radlader

Bauzeit etwa	1954 bis 1963	1963 bis 1969	1967 bis 1974	1972 bis 1981	1981 bis 1985	1985 bis 1995
Grundtypen						
12 B	12 B					
35		35 A/35 F/ 35 R/35 AWS		35 B	35 C	
45		45A II	45 R/45 AWS	45 B	45 C	
55	55A I	55A II	55 R/AWS/ 55 III	55 B	55 C	
65			65 R/AWS			
75	75A I	75A II	75 III/75 IIIA	75 B	75 C	
85			85 III	85 IIIA/85		
125	125A I	125A II	125 III/IIIA	125 B	125 C	L 140
175	175A I	175A II	175 III/IIIA	175 B	175 C	L 190
275	275A I	275A II	275 IIIA	275 B	275 C	L 270/L 270 B
320						L 320
375	375A I					
475			475 IIIA	475 B	475 C	L 480/L 480 B
675			675	675 B	675 C	

Die Bauzeiten der Serien überschneiden sich natürlich stark, da ein Hersteller nie alle Typen in einem Jahr auf eine neue Serie umstellenkann. Zuerst erfolgt das bei den meistverkauften Maschinen.

Michigan aus dem Ursprungsland USA

Seriennummern-Bezeichnung: Die meisten Maschinen aus USA-Fertigung hatten als Seriennummer nur nackte Zahlen. Später kamen in der Mitte der Nummern dann auch Buchstaben zur Anwendung. Beispiele: Der 8543 D ist ein 75A I, der 1955 an Bakisa AG Volketswil geliefert wurde. Der 10 AJC – 169 ist ein 275 IIIA, der 1969 an Despond SA Bulle geliefert wurde.

Bis die Produktion in England anlaufen konnte, kamen alle Michigan Maschinen aus den USA, also von 1954 bis etwa 1957. Das Stammwerk, der Pipestone Plant, befand sich in Benton Harbor, Michigan. Die Getriebe wurden in Jackson, Michigan und die Achsen im Werk Buchanan, ebenfalls in Michigan, gebaut.

Michigan aus Kanada

Seriennummern-Bezeichnung: Aus diesem Land kamen die Maschinen mit der Bezeichnung CAC am Ende der Seriennummer. Beispiel: Der 427 B 199 CAC ist der besagte 175 B von der Firma Niederberger in Stans.

Schon recht früh in der Geschichte von Clark gab es natürlich auch eine Produktion in Kanada. Die Canadian Clark LTD. befand sich in St. Thomas im Bundesstaat Ontario. Soweit bekannt, wurden zu Anfang alle Größen montiert. Später und bis zum Ende von Clark, Michigan 1995 wurden dann nur noch die mittleren und die großen Radlader, also die Modelle ab 175 B/C und L 190, die 275 B/C und L 270, der L 320, die 475 B/C und der L 480 dort gebaut. Die Firma Niederberger aus Stans besaß den einzigen 175 B in der Schweiz aus kanadischer Produktion mit GM Detroit 8V-71-Motor. Diese Maschine wurde im Hauptbahnhof Zürich zum Verladen des Aushubes aus dem Zürichberg-Tunnel eingesetzt. Das Material wurde mit der Eisenbahn nach Hüntwangen transportiert, um die dortige Kiesgrube wieder zu verfüllen.

Michigan aus England

Seriennummern-Bezeichnung: Die Kennung dieser Maschinen hat mehrmals geändert. Am Anfang waren gar keine Buchstaben in der Nummer vorhanden, später wurde OS vor die Zahlen gesetzt, dann nur noch ein M. Zuletzt kamen die Buchstaben EN am Schluss der Seriennummer zur Anwendung. Beispiel: 4152 C 106 EN. Das ist ein 55 IIIA aus englischer Produktion.

Das Montagewerk befand sich in Camberley, Surrey. Ende 1955 reiste Neal Davies, Präsident und Mitbesitzer der Firma AWD („All Wheel Drive"), was so viel heißt wie „Allradantrieb", nach Amerika, um dort Getriebe einzukaufen. Er brauchte diese für die Produktion seiner allradgetriebenen Lastwagen. Einer der ersten Menschen, den er kennenlernte, war Walter Schirmer, Vizepräsident von Clark Equipment. Clark stellte ja diverse Arten von Getrieben und Achsen her. Dieser hörte sehr interessiert zu und erkundigte sich über die Fabrik in England. Neal Davies blieb eine Woche länger in den USA und schaute sich alle Fertigungsstätten von Clark an. Am Schluss fragte ihn Schirmer, ob er denn in England auch Michigan Radlader herstellen könnte. Davies sagte: ja klar! Bereits eine Woche später traf Clarence Killebrew, der Urvater der Radlader und inzwischen Vizepräsident von Clark Construction Equipment, am frühen Morgen bei AWD in Camberley zu einer Werksbesichtigung ein. Nach einer halben Stunde Rundgang war die Entscheidung für ihn gefallen. AWD bekam den Auftrag, die Maschinen zu bauen. Killebrew hatte am Tag vorher noch einige andere Firmen, die Michigan Radlader bauen wollten, besichtigt wie Aveling-Barford, Cattons, Leyland und Perkins. Sie erfüllten aber seine Erwartungen nicht und so ging der Job an AWD. Nachdem der Vertrag unterzeichnet war, brachte man Killebrew am gleichen Tag wieder zum Flughafen zurück, damit er den Elf-Uhr-Flug nach Chicago nehmen konnte.

Bald darauf kam der erste komplette Michigan 75A I aus den USA als Muster in der Fabrik von AWD an. Er hatte einen Waukesha-Benzinmotor eingebaut und soll sich wie ein Rennwagen angehört haben. In den USA war es damals noch üblich, die kleineren Maschinen mit Benzinmotoren zu betreiben. Die revolutionäre Bauweise dieses Radladers war etwas total Neues für die englische Bauindustrie, wenn man ihn mit den umgedrehten Traktoren von Chaseside, Muir Hill und weiterer Produzenten vergleicht, die immer noch mit Seilzügen betätigt wurden. Die richtige Produktion der Radlader begann dann im Herbst im Jahr 1957. Der 75A I war das erste Modell und bekam einen Leyland 350- oder einen Perkins P6-Motor. In die Schweiz wurden dann ab Anfang 1958 aber nur Maschinen mit Leyland-Motoren geliefert.

Bevor die in England gebauten Modelle in die Schweiz kamen, stammten alle 75A I-Radlader aus US-Produktion und waren mit den Waukesha 190-DLC-Dieselmotoren bestückt. Dieser Motor-Typ war ein umgebauter und für den Dieselbetrieb etwas modifizierter Benzinmotor. Er war der höheren Belastung durch gestiegene Verbrennungsdrücke und den höheren Temperaturen im Zylinderkopf nicht gewachsen. Gerissene Zylinderköpfe und defekte Kopfdichtungen waren an der Tagesordnung und machten sehr viele Schwierigkeiten. Da mit einer Reparatur oder Revision des Motors dessen strukturellen Probleme aber nicht gelöst werden konnten, entschloss man sich bei Charles Keller, diese leidigen „Wau-wau"-Motoren durch etwas Vernünftiges zu ersetzen. Man hatte ja die DAF-Lkw-Vertretung für die Schweiz inne. DAF baute die Diesel-Motoren selbst, auch als Stationär- und Schiffsmotoren. Dabei handelte es sich allerdings um Lizenzbauten von den bewährten und robusten Leyland-Aggregaten. Somit wurden nach Schäden und Pannen insgesamt fast 300 von den US-Motoren durch DAF-Diesel vom Typ DD 575 ersetzt.

Michigan 275 B, Steinbruch in Spanien

Michigan aus Belgien

Seriennummern-Bezeichnung: Bei den Serie I-Maschinen aus Brüssel waren am Anfang der Nummer die Buchstaben MB, bei späteren Modellen kamen die Buchstaben BE in die Mitte und dann BE und BEC ans Ende der Nummer. Beispiel: Der 318 BE 0032-6 ist ein 75A III.

Ab 1959 wurden Michigan Radlader auch in Belgien montiert. Der Name der Firma lautete: „La Brugeoise et Nivelles". Die Firma hatte ihren Sitz in Bruges (Brügge). Das war eine Stahlbaufirma und diese stellte vor allem Eisenbahnen her, darunter Züge für U-Bahnen, Trams und sonstige Eisenbahnwagen für die belgischen Staatsbahnen. Eine zusätzliche Abteilung wurde zur Montage von Michigan Radladern eingerichtet und bestand bis etwa 1970. Die Produktion in den zirka elf Jahren reichte vom Typ 75A I, 75A II, 75A III bis zum Modell 175A III. Knickgelenkte Maschinen wurden im belgischen Werk meines Wissens keine oder wenn, nur ganz wenige gebaut. Es wurden meistens DAF-Motoren eingebaut, aber auch Perkins, Leyland und Detroit Diesel kamen vereinzelt zum Einsatz.

Michigan aus Deutschland

Seriennummern-Bezeichnung: Für die bei Scheid montierten Maschinen ist kein Buchstaben-Code bekannt. Die Seriennummern bestanden anfangs aus Buchstaben und Zahlen, später nur noch aus Zahlen. Beispiele: Der NT – 045-LT ist ein 175A I mit Deutz-Motor, der 1961 an E. Eisenhut Stein AR geliefert wurde. Der 152 – 1102 ist ein 175A I mit Leyland UE 600, geliefert 1962 an P. Fanger Sachseln.

Für eine kurze Zeit, etwa ab den späten fünfziger Jahren, als Clark die Walzenfabrik Scheid übernahm, wurden möglicherweise auch einige Michigan Radlader der Serie I unter Lizenz im Werk in Limburg an der Lahn montiert. Es ist aber ebenso gut auch möglich, dass Scheid nur als Auslieferungslager fungierte. Ich habe darüber keine zuverlässigen Angaben gefunden. Bekannt ist vor allem das Modell 175A I mit dem Deutz-Motor F6L 714 oder einem Mercedes-Motor. Auch der GM 4-71 als Zweitakt-Diesel und Leyland war im Angebot. Es ist nicht überliefert, ob die Maschinen ohne Motor geliefert und dann der Deutz eingebaut wurde oder ob die Motoren nach Kundenwunsch einfach getauscht wurden. Den Seriennummern nach zu urteilen, wurden die Maschinen sehr wahrscheinlich im belgischen Werk Brügge in Belgien gebaut. Die Maschinen tragen meistens einen großen gegossenen Schriftzug „Scheid" seitlich auf der Motorhaube neben dem Michigan-Logo oder vorne auf dem Dieseltank. Davon sind auch ein paar Maschinen in die Schweiz gelangt. Es gibt viele Prospekte von verschiedenen Maschinen, die mit Scheid Michigan beschriftet sind. Ob wirklich alle diese Maschinentypen bei Scheid gebaut wurden, ist sehr fraglich. Unter dem Clark-Banner hatte sich das Verkaufsgebiet für Scheid erheblich erweitert. Nun konnten die Walzen auf der ganzen Welt verkauft werden. Deswegen musste sich die Fabrik auf die Produktion von Walzen aller Art konzentrieren. Somit blieb in den Werkhallen kein Platz mehr für die Montage von Radladern oder sonstigem Gerät von Clark. Die Montage der Clark Gabelstapler befand sich seit 1952 in Mülheim an der Ruhr. Dieses Werk gehört zur Clark Material Handling Group und somit in eine andere Abteilung.

Michigan 75A I, Scheid

Michigan aus Frankreich

Seriennummern-Bezeichnung: Die in Frankreich hergestellten Geräte hatten die Bezeichnung FSC am Ende der Seriennummer. Beispiel: Der 4245 A 114 FSC ist der erste 175 C in der Schweiz und wurde im Juni 1982 an die Firma von Piero Ferrari in Gordola geliefert.

Nachdem das Werk in Belgien 1971 und jenes in England 1973 die Produktion eingestellt hatten, musste Clark einen neuen Fabrikationsstandort für Europa aufbauen. Beides waren relativ alte Fabriken und konnten nicht so leicht modernisiert werden, auch weil einfach kein Platz für eine Vergrößerung da war. In Frankreich wurde man schlussendlich fündig. Die Stadt Strasbourg im Elsass stellte Industrieland zu sehr günstigen Konditionen zur Verfügung. Man wollte im strukturschwachen Gebiet mehr Industrie ansiedeln und Arbeitsplätze schaffen. So baute Clark eine komplett neue Fabrik auf der grünen Wiese. Sie wurde nach modernsten Gesichtspunkten für eine Fliessband-Produktion ausgelegt. Ab 1973 rollten die Maschinen der Serie B

Michigan 175 C, erster Michigan 175 C in der Schweiz bei P. Ferrari Magadino

und C für den europäischen Markt aus dieser Fabrik. Ich war selbst zweimal für eine Schulung da. Das Werk war sehr sauber und eben richtig modern. Es gab eine große Brennerei, wo die ganzen dicken Bleche für Rahmen, Ausleger, Schaufeln und sonstige Teile mit CNC-gesteuerten Brennmaschinen ausgeschnitten wurden. Danach setzten Schweißer in großen schwenkbaren Lehren die Teile zusammen und verschweißten sie mit Unterpulver-Automaten. Die Motoren, Achsen, Wandler, Getriebe und die Einkaufsteile wurden aus den jeweiligen Werken angeliefert und dann auf dem Band zu einer fertigen Maschine zusammengebaut. Vor der Schlusslackierung wurden alle Geräte auf dem Testgelände einer Funktions- und Leistungsprüfung unterzogen. Zu uns in die Schweiz kamen die meisten Maschinen mit der Eisenbahn. Wir haben sie jeweils in Dietlikon an der SBB-Rampe ausgeladen und dann 3 km über die Straße in die Werkstatt nach Wallisellen überführt.

Nachdem Volvo 1992 Michigan ganz übernommen hatte, wurde die Produktion von auf Michigan-Design basierenden Radladern eingestellt und das Werk wahrscheinlich noch im selben Jahr geschlossen.

Michigan aus Japan

Seriennummern-Bezeichnung: Bei den Maschinen der Serie 35 B und 45 B, die in die Schweiz kamen, waren immer am Ende der Seriennummer die Buchstaben JAC vorhanden. Beispiel: Der 4218 B 347 JAC ist ein 35 B aus japanischer Fertigung bei TCM.

Bereits im Jahr 1957 schloss Clark Equipment Co. einen Zusammenarbeitsvertrag mit einer japanischen Firma, der Toyo Carrier Manufacturing Co. Ltd. in Osaka. Die Firma figurierte unter dem Namen TCM und baute am Anfang vor allem Clark Gabelstapler in Lizenz. Asien war ein lukrativer Markt und schon bald kamen auch Radlader der Serie I aus den Werken in Japan. Der Lizenzvertrag dauerte bis 1986. Es wurden bis und mit zu den B-Modellen „japanisierte" Maschinen in Asien verkauft, so zum Beispiel der 125 B mit Nissan PD-6 T-Motor. In die Schweiz wurden davon aber keine Geräte importiert. Ab 1973 kamen nur die kleinen Maschinen, also alle 45 B Radlader mit Perkins-Motoren und ab 1979 alle 35 B-Modelle mit Isuzu-Motoren in Containern auf dem Seeweg in die Schweiz. Im asiatischen Raum wurde der 45 B auch als Michigan 50 B zum Verkauf angeboten. Die von TCM in Lizenz gebauten Maschinen waren von ausgezeichneter Qualität und machten im Allgemeinen sehr wenige Probleme. Die Hydraulikzylinder und Ventile sowie die Motoren waren auch nach Jahren im Betrieb noch dicht. Das konnte man noch lange nicht von allen anderen Maschinen behaupten.

Michigan aus China

Seriennummern-Bezeichnung: Keine Bezeichnung bekannt, da höchstwahrscheinlich keine dieser Maschinen nach Europa kam.

Michigan 75 B, gebaut von TCM in Japan

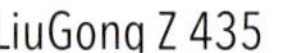
LiuGong Z 435

Auch in China gab es Radlader, die wie Michigan aussahen. In Wahrheit entspricht der am 1. Oktober 1966 von LiuGong vorgestellte Typ Z 435 einer exakten Kopie des Michigan 175A I. LiuGong sagt, dass dieser Radlader auf einem japanischen Design beruhe. TCM hat bereits seit 1957 Michigan Lader in Lizenz gebaut. Somit ist dieses Gerät höchstwahrscheinlich die Kopie eines TCM-Michigan Serie I. Später arbeitet LiuGong mit Caterpillar zusammen und ist heute ein unabhängiger Hersteller von Baumaschinen aller Art. Unter anderen gehört heute auch der polnische Baumaschinenhersteller Dressta dazu.

Michigan aus Brasilien

Seriennummern-Bezeichnung: Am Ende der Seriennummer finden sich die Buchstaben BAC.

Schon im Jahr 1954 wurde in Brasilien, in Campinas, ein Werk eröffnet. Dort fabrizierte man zuerst vor allem Getriebe und Achsen sowie Gabelstapler. Bald aber schon kamen die Michigan Radlader dazu, allerdings in Paderneiras, einem neuen Werk bei Sao Paulo. Vor allem die mittleren Größen von Radladern für den südamerikanischen Markt liefen von den Montagebändern. Ob auch Maschinen der Serie I hier fabriziert wurden, entzieht sich meiner Kenntnis. Auf jeden Fall fing 1964 die Produktion des 75A II an. Er hatte einen Perkins-Sechszylinder-Motor, der ebenfalls in Brasilien gebaut wurde. Er wog 6,2 t und hatte eine Schaufel mit 1,4 m^3 Inhalt. 1967 begann die Produktion von Serie III-Maschinen, wiederum mit dem 75A III. Dieser erhielt einen Mercedes-Benz-Motor aus brasilianischer Fertigung mit 130 PS und auch eine Schaufel mit 1,4 m^3 Inhalt. Das Gewicht erhöhte sich auf 7,7 t. 1970 kamen neue Typen hinzu. Als kleinstes Modell wurde der 35 R produziert mit Perkins-Vierzylinder-Motor und 62 PS. Er wog 5,2 t und die Schaufel fasste knapp 1 m^3. Ebenso begann die Montage der beiden Modelle 65 R und 65 AWS. Beide mit Sechszylinder-Perkins und 119 PS, 1,9-m^3-Schaufel und einem Gewicht von 7,7 t. Im selben Jahr wurde der 1000ste Radlader zusammengebaut. 1972 kam der erste Michigan mit Knicklenkung ins Programm, der 85 IIIA. Für diese Maschinen wurden GM Detroit-Diesel 6V-71 aus den USA importiert und eingebaut. Mit 15,8 t und einer Schaufel mit 2,7 m^3 Inhalt schon ein etwas größeres Gerät. Weiterhin blieb der starre 75A III im Programm, jetzt auch als 75 HD mit MB-Motor, aber mit 134 PS etwas stärker gemacht. Auch ein 55 IIIA kam nun aus den Montagehallen mit MB-Motor. Die Leistung betrug hier 140 PS bei einem Gewicht von 10,1 t. 1980 war der alte 75A III (auch als HD-Ausführung) immer noch in den Verkaufslisten zu finden. Neu kamen aber dieses Jahr die B-Modelle dazu. Der 45 B und der 55 B erhielten MB-Motoren, der größere 125 B bekam einen Cummins V8-Motor mit 220 PS. Die Schaufeln fassten 1,2, 2,0 und 3,8 m^3. Ab 1991 bis 1995 unter dem Banner von VME montierte man noch die Modelle 35 C, 45 C und 55 C, alle mit MB-Motor, sowie den 125 C mit Cummins-Motor. Die brasilianische Armee hatte einige Michigan 55 C im Einsatz. 1995 wurden die Werke an Eaton (Getriebe und Achsenhersteller) verkauft. Somit endete die Michigan-Produktion in Brasilien. Die in Brasilien gefertigten Maschinen sind in Europa praktisch unbekannt, da diese Geräte kaum hierher nach Europa gelangt sind.

Michigan aus Argentinien

Seriennummern Bezeichnung: Es ist nichts bekannt.

1970 ist im Jahresbericht eine Fabrik aufgeführt, Eximia Industrias Clark Argentina in Villa Martelli bei Buenos Aires, die ab diesem Jahr Baumaschinen und auch Gabelstapler herstellte. Vor allem kleinere Radlader, den 45 R mit Perkins A6P 305-Motor, dieser hatte 92 PS, und den 55 R mit dem Perkins 6.354-Motor, Leistung 112 PS. Auch ein 75 IIIA mit GM-DD 4-71-Motor, Leistung 147 PS, ist in den Verkaufslisten aufgeführt. Die Montage begann wahrscheinlich 1970 und endete etwa 1992. Im Jahr 2000 wurde die Firma endgültig geschlossen. Seit 2013 existiert in Argentinien eine Firma, die sich offensichtlich den Namen Michigan gekauft hat. Sie vertreibt oder baut chinesische Radlader in Lizenz und vermarktet diese unter der Marke Michigan.

Michigan aus Mexiko

Seriennummern-Bezeichnung: Es ist nichts bekannt.

Auch in Mexiko wurden Michigan hergestellt. Das Werk lag in Queretaro und hieß Productos Industriales Metalicos S.A., gehörte aber nur zu 40 Prozent Clark. Vermutlich wurden da auch nur kleinere Maschinen montiert, auf jeden Fall aber sicher Gabelstapler. Clark-Getriebe wurden in Lizenz in einer Fabrik, ebenfalls in Queretaro, die nur zu 36,5 Prozent Clark gehörte, hergestellt. Mehr konnte ich leider nicht herausfinden.

Michigan 175A II

Michigan 75A I DS Military

Michigan 75A I DS mit Heckbagger

Michigan 75A I DS im Wasser

Michigan aus Australien

Seriennummern Bezeichnung: Es ist nichts bekannt.

In Australien wurde schon 1948 mit der Firma Tutt-Bryant in Sidney ein Lizenzabkommen getroffen, um Gabelstapler auch auf diesem Kontinent herzustellen. Später kamen auch Michigan-Maschinen aus dieser Fabrikation. Was aber genau produziert wurde, entzieht sich meiner Kenntnis. Australien war der erste Übersee-Produktionsstandort für Clark.

Michigan im „Tarnanzug"

In vielen Ländern wurden in den Armeen verschiedene Michigan Radlader und Raddozer bei den Genie-Truppen eingesetzt. Schon 1961 baute Michigan England auf Anfrage der Britischen Armee einen 75A I Military. Die Besonderheit bei dieser Maschine lag darin, dass ein umkehrbarer Führerstand eingebaut wurde. Die Armee fand heraus, dass man mit einem Gerät mit gelenkter Hinterachse nie eine vernünftige Marschgeschwindigkeit (militärisch etwa 40 km/h) auf der Straße fahren kann. Also wollte man eine gelenkte Vorderachse haben. Dazu musste der Fahrersitz so gestaltet werden, dass das Sitzkissen und die Lehne umgesetzt werden konnten. Ein zweiter Satz Pedale kam dazu. Somit konnte man „rückwärts" vorwärts fahren. Angetrieben wurde die Maschine von einem Leyland-Diesel vom Typ UE 350 mit etwa 75 PS. Da Militärfahrzeuge damals eine „eierlegende Wollmilchsau" sein mussten, wurde der Radlader mit jeder Menge Zusatzausrüstung ausgestattet. Anstelle der Schaufel konnte am mechanischen Schnellwechsler eine Palettengabel angebaut werden. Wurden die Gabeln nach oben umgedreht, ergab das zusammen mit einem Kranhaken einen Universalkran. Der Gabelrahmen war auch noch hydraulisch seitlich verschiebbar. Die Hubkraft am Kran betrug etwa 1,5 t. Hinten bekam der Michigan einen Heckbagger angepasst zum Ausheben von Schützengräben. Anstelle des Baggers konnte auch eine hydraulisch angetriebene Seilwinde montiert werden. Damit nicht genug, er musste auch noch „beinahe" schwimmen können. Die Maschine wurde so gebaut, dass sie bis in 1,5 m tiefem Wasser noch arbeitsfähig war. Auch der größere 175A I kam bei der britischen Armee zum Einsatz. Er wurde 175 DS genannt (dual Steer). Er war ebenfalls mit dem umkehrbaren Fahrersitz ausge-

Michigan 175A I DS mit Schaufel

Michigan 175A I DS mit Gabel

Michigan 275 B der Französischen Armee

Michigan 45 C der Französischen Armee

rüstet. Auch die Palettengabel konnte gegen die Schaufel ausgetauscht werden. Die Wateinrichtung ermöglichte ein Arbeiten bis in eine Wassertiefe von 1,8 m. Eingebaut wurde ein Leyland-Dieselmotor UE 680 mit 165 PS. Auch einige 275A I fanden den Weg in die britische Armee. In der Schweiz konnten zwei von den kleineren 75A I Military Spezialmaschinen an den Mann gebracht werden. 1963 bekam die Firma Mabilia in Genf ein Exemplar. Das andere ging im Mai 1964 an das Kernforschungszentrum CERN, ebenfalls in Genf. Die Schweizer Armee kaufte damals keine von diesen Geräten. Später haben wir uns zusammen mit anderen Wettbewerbern mit einem Michigan 75 B an einer Ausschreibung für 55 Radlader beteiligt. Ich musste noch ein anderes Getriebe einbauen, um die verlangte Marschgeschwindigkeit von 40 km/h zu erreichen. Das hat aber auch nichts geholfen, beschafft wurde dann ein anderes Produkt. Bei der französischen Armee waren in den sechziger Jahren 75A I, ab 1974 dann 275 B und ab 1984 auch 45 C im Einsatz. Der Raddozer 280 TD wird auch im Inventar geführt, war aber bestimmt nicht sehr zahlreich vertreten. In der Brasilianischen Armee taten 55 C-Maschinen ihren Dienst. Da sie aus brasilianischer Produktion stammten, waren sie mit den dort im Land gebauten Mercedes-Motoren ausgerüstet.

Anfang der sechziger Jahre brauchte das US-Army Corps of Engineers neue, größere Maschinen. An der Ausschreibung beteiligte sich nebst anderen auch Clark Michigan mit einem Raddozer-Scraper-Konzept, dem M 290. Dieser wurde ab etwa 1963 bei der Truppe in größeren Stückzahlen eingeführt. Er hatte einen Cummins Diesel vom Typ NT 855 C 335 mit 335 PS und den kompletten Clark-Antriebsstrang. Er bestand im Prinzip aus einem umgedrehten Raddozer 280 TD mit Knicklenkung, dem dann ein anderes Hinterteil montiert wurde. So wurde das kräftige Schubschild nun vorne beim Motor angebracht und der Führerstand ebenfalls umgedreht. (Der einzige Michigan mit dem Führerstand auf dem Vorderwagen). Am Hinterteil aufgesattelt wurde eine hydraulisch betätigte, von Euclid hergestellte Scraperbox 58SH-G. Sie fasste etwa 15 m³. Davon konnten 154 Stück an die Army geliefert werden und etwa die Hälfte wurde am Caterpillar Zugtraktor, dem 830 M angebaut. Caterpillar baute und lieferte an die US-Armee ein fast identisches Zugfahrzeug, allerdings natürlich mit Cat-Motor und -Antriebsstrang. Davon hatte die Firma Eberhard aus Höri mindestens einen im Einsatz beim Bau der Zürich Oberland-Autobahn und später in Saudi-Arabien. Importiert wurden diese Maschinen aus amerikanischen Armee-Beständen in Deutschland von der Firma Rast in Schenkon bei Sursee. Zahlreiche dieser Geräte kamen auch in Vietnam zum Einsatz. Nachdem diese Maschinen von der Armee ausgemustert wurden, kamen viele in den zivilen Gebrauch und wurden teilweise massiv umgebaut, wie auf den Bildern zu sehen ist.

Michigan 290 M mit Scraper

Michigan 290 M mit Scraper

Michigan 290 M mit Schneeschild

Michigan 290 M mit Aufreißer

Prototypen und Spezialmaschinen

Für das amerikanische Militär wurden immer wieder interessante Prototypen gebaut.

Aus dem 75 Logging Vehicle heraus entwickelte Clark für die US-Armee ein knickgelenktes Transportfahrzeug. Ähnlich dem 75 Explorer, aber ohne zusätzlichen Anhänger, hatte es 4x4-Antrieb und etwa 5 t Nutzlast. Die nächste Entwicklungsstufe bekam einen 8x8-Antrieb und wurde mit Raupenbändern versehen. Davon gab es noch eine weitere Ausführung mit einem Stützrad für die Raupen. Angetrieben wurde das Fahrzeug von einem Cummins-Sechszylinder-Reihenmotor mit 110 PS. Es wurde nicht beschafft, da es für zu klein befunden wurde.

Von der Schweizer Firma Meili in Schaffhausen bekam Clark eine Lizenz, um den von ihr entwickelten Metrac nachzubauen. Auch der von Clark gebaute, dann Flex-Trac genannt, hatte die komplexe Hydraulik und Einzelradaufhängung installiert. Aus Stahl gebaut, angetrieben von einem Willys-Motor mit 72 PS, wog der Clark etwas mehr als der Meili, nämlich 2,5 t. Nach ausgiebigen Tests in Fort Knox stellte die Armee fest, dass die komplizierte Hydraulik zu teuer, zu wenig ausgereift und zu anfällig für den Einsatz bei der Truppe ist und der Flex-Trac wurde nicht beschafft. Eine andere Firma griff das Konzept aber auf, vereinfachte die Radaufhängung, indem hinten und vorne eine normale angetriebene Lenkachse installiert wurde und vergrößerte das Fahrzeug. Nun aus Alu gebaut, mit einem GM-DD 3-53-Zweitakt-Motor mit Turbo (102 PS), wog es bereits 3,5 t, war aber trotzdem schwimmfähig. Die Nutzlast betrug allerdings nur 1,5 t. Von diesem

Clark Transporter, Prototyp aus dem 75 PC entwickelt

Clark Transporter 8x8, Prototyp mit oberer Stützrolle

Clark Meili Flex Trac, Lizenzbau, Prototyp

Clark Prototyp mit Kippermodul für die US Army Engineers

Clark Raketentransporter, nur einmal gebaut

Michigan 75 PC, Expeditionsfahrzeug

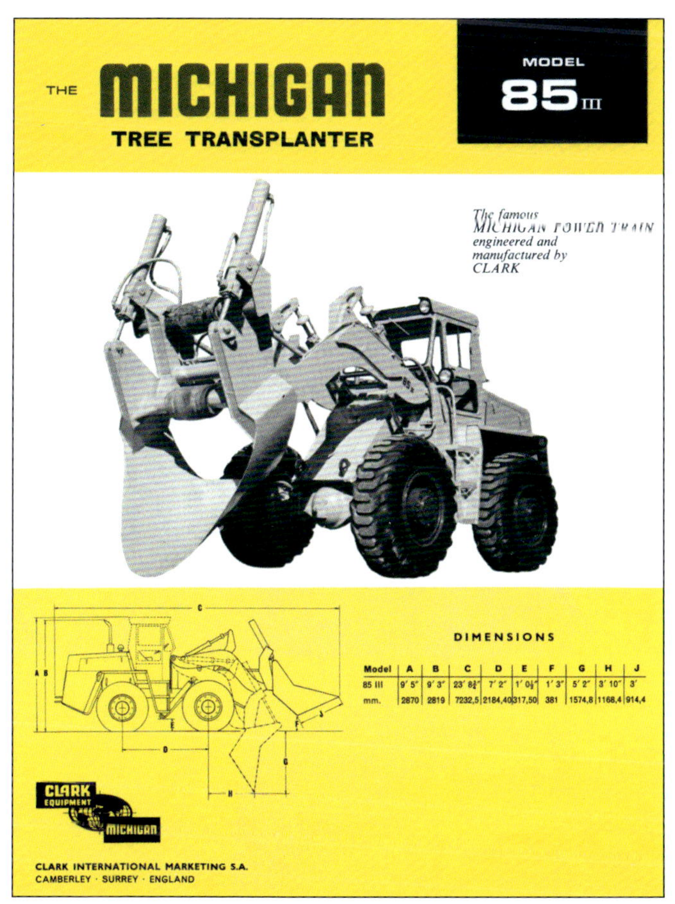

sehr geländegängigen Transporter, Gama Goat genannt, wurden etwa 1500 Stück gebaut und er kam in Vietnam und später bei der Operation Desert Storm erfolgreich zum Einsatz.

Auch für die Engineers (Genietruppen) wurde immer nach neuen Wegen gesucht, um ihre Arbeit so effizient wie nur möglich zu machen. So entstanden verschiedene Studien von Fahrzeugen mit auswechselbaren Arbeitsgeräten. Nebst anderen Herstellern baute Anfang der siebziger Jahre auch Clark so einen Prototyp mit wechselbarer Ausrüstung. Ein Cummins V8 Diesel VT 555 C240 mit Turbo und 220 PS trieb über eine Hydrostatik die Vorderräder an. Das Fahrzeug war hinter der Fahrerkabine teilbar. Darunter sieht man kleine Stützräder, um von einem Arbeitsmodul zum anderen fahren zu können und diese anzukuppeln. Es gab einen Kipper, Scraper, Dozer, Schaufellader, Grader und einen Tanker zum

Oben links: Michigan 85A III mit Baumpflanzgerät

Oben rechts: Michigan 85A III mit Baumpflanzgerät

Rechts: Michigan 35 AWS mit Baumtransport-Anhänger

TAIL-END WINCH (Optional):
Rated capacity (single line) 125A .... 15,000 lbs.
Rated capacity (single line) 75A & 85A .... 12,000 lbs.
Cable Capacity .... ½" line 260 ft.
Cable Furnished .... ½" line 100 ft.
Winch Drive and Control .... Hydraulic
Drum Size .... 4½" x 11"
Shipping Weight (approx.) .... 630 lbs.

TAIL-END WINCH

SPECIFICATIONS

LIFTING CAPACITIES:

Boom Overhang**	125A Capacity*	75A & 85A Capacity*
4 Ft.	14,000 lbs.	10,000 lbs.
8 Ft.	9,000 lbs.	6,000 lbs.
12 Ft.	5,000 lbs.	3,700 lbs.

*Using two part line.
**Boom overhang is measured from center of tires to center of vertical load line.

WINCH SPECIFICATIONS:
Type—Ramsey Special Winch with Quick Release Clutch on Load Line Winch.*
Drive—Both winches driven by hydraulic motors.
*Clutch optional.

DRUM DIMENSIONS:

	Diameter	Length
Load Winch Drum	4"	6"
Boom Winch Drum	4"	6"

LOAD LINE SPEEDS (AT RATED RPM)

	125A	75A & 85A
2 Part Line	39 FPM	27½ FPM
1 Part Line	78 FPM	55 FPM

CABLE FURNISHED:
125A: 7/16" Cable, 55 ft. on both load and boom winch.
75A & 85A: ⅜" Cable, 55 ft. on both load and boom winch.

HYDRAULIC SYSTEM:
Separate operating valves for each sideboom operation, with integral relief valve, powered by existing pump on the Michigan.

PUMP:
125A: Gear type, 56 GPM @ 1600 PSI @ Rated Engine RPM.
75A & 85A: Gear type, 34 GPM @ 1600 PSI @ rated engine RPM.

BOOM:
Rigid Channel Construction. Length .... 12' 6"

AXLE STABILIZERS:
Mechanical.

OPERATOR CONTROLS:
All control levers for sideboom operation are located conveniently in the operator's compartment. Sideboom can be operated with cab mounted.

COUNTERWEIGHTS:
Counterweights or calcium chloride filled tires are not necessary. 16 Ply Rating tires only are recommended for use with this equipment combination.

APPROXIMATE SHIPPING WEIGHTS:

	125A	75A	85A
Side boom	2,650 lbs.	2,100 lbs.	2,100 lbs.
Loader alone	22,100 lbs.	13,410 lbs.	15,000 lbs.

OVERALL DIMENSION OF LOADER WITH SIDEBOOM INSTALLED:

Width (same as bare tractor)	7'8½"	6'10½"	6'10½"
Wheelbase (same as bare tractor)	7'4"	6' 3"	6' 3"
Length (blade in operating pos.)	19'11"	16'10"	17' 6"
Height (boom vert. & retracted)	14'	12'10½"	13'
Height (with boom removed)	9'	6' 8"	6' 8"

QUICK DISCONNECT BOOM

HYDRAULIC SIDEBOOM
MIDWESTERN
M-75
M-85
M-125

MODEL M-75, M-85 and M-125 HYDRAULIC SIDEBOOM
FOR USE WITH
MICHIGAN MODEL 75-A, 85-A OR 125-A TRACTOR LOADER

MANUFACTURED BY
MIDWESTERN MANUFACTURING COMPANY

- So simple and easy one man can remove or reinstall boom in ten minutes
- Constant load control prevents loads from being accidentally dropped
- Low initial and maintenance costs
- Both winch drums in full view of operator
- Positive hold on suspended loads. Specially designed winches prevent load line creep
- Simple two position hydraulic control over all winches makes precise positioning of loads easy, even for unskilled operators.

Designed and Built by Specialists in Pipe Line Construction Equipment

Originators of Hydraulic Powered Sidebooms

MIDWESTERN MANUFACTURING COMPANY
P. O. BOX 1886 — Cable Address 'Midpipe' — PHONE HI 6-6144
TULSA 1, OKLAHOMA, USA

Michigan 125A I mit Midwestern Seitenkran

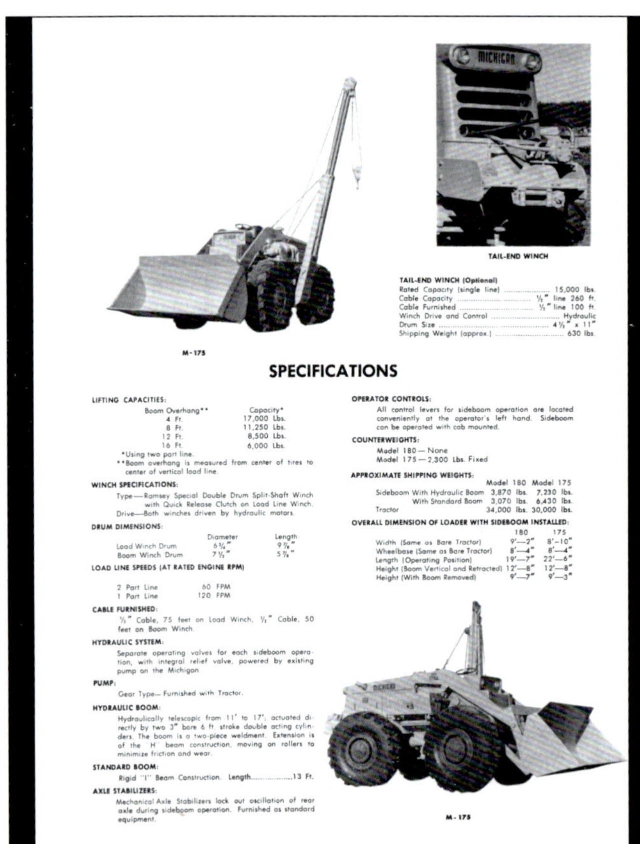

TAIL-END WINCH

M-175

TAIL-END WINCH (Optional)
Rated Capacity (single line) .... 15,000 lbs.
Cable Capacity .... ½" line 260 ft.
Cable Furnished .... ½" line 100 ft.
Winch Drive and Control .... Hydraulic
Drum Size .... 4½" x 11"
Shipping Weight (approx.) .... 630 lbs.

SPECIFICATIONS

LIFTING CAPACITIES:

Boom Overhang**	Capacity*
4 Ft.	17,000 Lbs.
8 Ft.	11,250 Lbs.
12 Ft.	8,500 Lbs.
16 Ft.	6,000 Lbs.

*Using two part line.
**Boom overhang is measured from center of tires to center of vertical load line.

WINCH SPECIFICATIONS:
Type—Ramsey Special Double Drum Split-Shaft Winch with Quick Release Clutch on Load Line Winch.
Drive—Both winches driven by hydraulic motors.

DRUM DIMENSIONS:

	Diameter	Length
Load Winch Drum	6¾"	9⅞"
Boom Winch Drum	7½"	5⅞"

LOAD LINE SPEEDS (AT RATED ENGINE RPM)

2 Part Line	60 FPM
1 Part Line	120 FPM

CABLE FURNISHED:
½" Cable, 75 feet on Load Winch, ½" Cable, 50 feet on Boom Winch.

HYDRAULIC SYSTEM:
Separate operating valves for each sideboom operation, with integral relief valve, powered by existing pump on the Michigan.

PUMP:
Gear Type— Furnished with Tractor.

HYDRAULIC BOOM:
Hydraulically telescopic from 11' to 17'; actuated directly by two 3" bore 6 ft. stroke double acting cylinders. The boom is a two-piece weldment. Extension is of the "H" beam construction, moving on rollers to minimize friction and wear.

STANDARD BOOM:
Rigid "I" Beam Construction. Length .... 13 Ft.

AXLE STABILIZERS:
Mechanical Axle Stabilizers lock out oscillation of rear axle during sideboom operation. Furnished as standard equipment.

OPERATOR CONTROLS:
All control levers for sideboom operation are located conveniently at the operator's left hand. Sideboom can be operated with cab mounted.

COUNTERWEIGHTS:
Model 180 — None
Model 175 — 2,300 Lbs. Fixed

APPROXIMATE SHIPPING WEIGHTS:

	Model 180	Model 175
Sideboom With Hydraulic Boom	3,870 lbs.	7,230 lbs.
With Standard Boom	3,070 lbs.	6,430 lbs.
Tractor	34,000 lbs.	30,000 lbs.

OVERALL DIMENSION OF LOADER WITH SIDEBOOM INSTALLED:

	180	175
Width (Same as Bare Tractor)	9'—2"	8'-10"
Wheelbase (Same as Bare Tractor)	8'—4"	8'—4"
Length (Operating Position)	19'—7"	22'—6"
Height (Boom Vertical and Retracted)	12'—8"	12'—8"
Height (With Boom Removed)	9'—7"	9'—3"

M-175

Michigan 175A I mit Midwestern Seitenkran

HYDRAULIC SIDEBOOM
MIDWESTERN
M-175
M-180

MODEL M-175 and M-180 HYDRAULIC SIDEBOOM
FOR USE WITH
MICHIGAN MODEL 175 OR 180 TRACTOR

MANUFACTURED BY
MIDWESTERN MANUFACTURING COMPANY
P. O. BOX 1886 PHONE HI 6-6144
TULSA 1, OKLAHOMA, USA

- 17,000 Pound Capacity
- Low initial and maintenance costs
- Constant load control prevents loads from being accidentally dropped
- Positive hold on suspended loads. Specially designed winches prevent load line creep
- Double drum winch with both winch drums in full view of operator
- Hydraulic stabilizer lock-out oscillation
- Simple two position hydraulic control over all winches makes precise positioning of loads easy, even for unskilled operators.

Designed and Built by Specialists in Pipe Line Construction Equipment

Originators of Hydraulic Powered Sidebooms

MIDWESTERN MANUFACTURING COMPANY
P. O. BOX 1886 — Cable Address 'Midpipe' — PHONE HI 6-6144
TULSA 1, OKLAHOMA, USA

Michigan 180 TD mit Midwestern Seitenkran

Michigan 85A II mit Rolba Schneefräse, England

Anhängen. Das System entpuppte sich aber als zu kompliziert und wurde nicht weiter verfolgt.

Ein ganz besonderes Gerät ist der 1967 nur einmal gebaute Raketentransporter für die US-Air Force. Gebraucht wurde es zum Transport und zum Aufrichten von 140 t schweren Raketenteilen mit einem Durchmesser von 4 m. Das mit 8x8-Antrieb ausgerüstete Fahrzeug hatte ein Eigengewicht von etwa 90 t und konnte sich mit maximal 20 km/h fortbewegen.

Es gab auch spezialisierte Firmen, die nur Zubehör und Anbaugeräte für verschiedene Maschinenhersteller fabrizierten. So natürlich auch für Clark Michigan. Etwas außergewöhnlich ist der Baum Transplanter, einmal als Anbaugerät anstelle der Schaufel an einem Michigan 85A III oder als Anhänger an einem Michigan 35 AWS, gebaut von der Firma Vickers Armstrong Onions in England.

Die Firma Midwestern Manufacturing Co. aus Tulsa, Oklahoma lieferte für diverse Michigan Radlader und Raddozer seitlich montierbare Kranausleger ähnlich wie bei den Rohrlegern auf Raupen. Diese konnten am Michigan 125A I immerhin bei einer Auslage von 1,2 m (ab Mitte Reifen) etwa 6 t heben. Gebraucht wurden sie vor allem für den Bau von Wasserleitungen.

Neben der bekannten Firma Rolba aus der Schweiz gab es auch einen amerikanischen Hersteller von Schneefräsen, die anstelle der Schaufel angebaut werden konnten. Rolba baute den Antriebsmotor hinten am Radlader an mit einer Antriebswelle entlang der Maschine. Vier Michigan 85A III und vier Michigan 45 R mit dieser Ausrüstung waren in England in Betrieb.

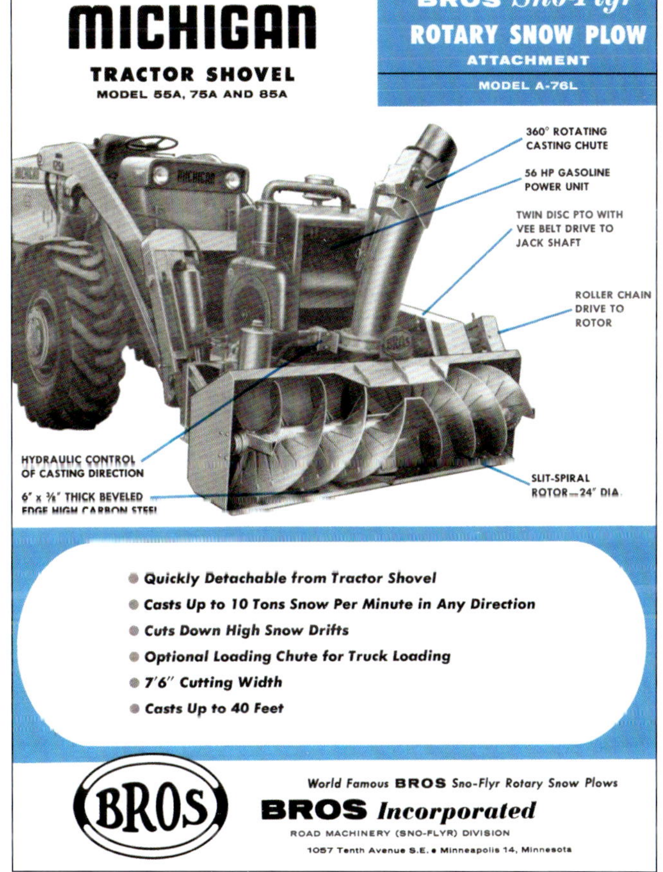

Michigan 125A I mit Bros Sno-Flyr Schneeschleuder

Michigan 275 B mit Ateco Aufreißer

Wir bei Charles Keller haben auch einige wenige Viking Schneefräsen aus Schweden an den Schnellwechsler von Michigan 45 B und C Radladern angebaut. Zum Einsatz kamen sie im Wallis.

Bei der amerikanischen Bros Snow-Flyr Schneefräse sass der Antrieb vorne auf dem Gerät. Damals waren das meistens Benzinmotoren, die bei der Kälte besser funktionierten als die Diesel.

Auf einigen Bildern kann man sehen, dass auch an Radladern und vor allem an Raddozern Aufreißer montiert wurden. Über den Sinn davon kann man streiten. Diese sind auf jeden Fall nur für leichte Aufreißarbeiten geeignet, um etwa festen Boden für Scraper vorzubereiten. Auf der Baustelle in Saudi Arabien hatten wir an einem Michigan 275 B einen von ATECO (American Tractor Equipment Corp.) hergestellten Aufreißer angebracht. Auf dem Bild ist der Radlader ohne Motor zu sehen, weil ich diesen komplett revidieren musste. Der Cummins NT 855 war so ausgeleiert, dass er kaum mehr zu starten war und er hat fast mehr Öl als Diesel verbraucht. Ob er durch die zusätzlichen Vibrationen beim Aufreißen dermaßen gelitten hat? Auf jeden Fall ging der Ansaugschlauch zwischen Luftfilter und Turbolader ab, sodass der ganze Staub direkt in den Motor gelangte. Und keiner hat es gemerkt! Das hat den Motor in sehr kurzer Zeit total zerstört.

Etwas Naheliegendes war es, die Radfahrzeuge zu modifizieren und daraus Müllkompaktoren zu machen, indem man die Reifen durch entsprechende Verdichterräder ersetzte. Aus dem Ranger 664 wurde mit erheblichen Änderungen dadurch der CS 70. Er hatte Knicklenkung, 100 PS und wog 11 t. Auch die Radlader 75 IIIA mit 175 PS und 175 IIIA mit 290 PS dienten als Basis und wurden so zum LF 75 mit 13,7 t und dem LF 175 mit 20 t umfunktioniert. Die hauptsächlichsten Änderungen bestanden darin, dass ein dicker Unterbodenschutz montiert wurde. Der Motor wurde mit Schutzgittern und einem blasenden Ventilator versehen, sodass sich weniger Papier ansammeln und zu einem Brand führen konnte. Der Luftansaug und der Auspuff wurden meistens möglichst weit nach oben verlegt, um aus der Staub- oder Brandzone zu kommen.

Statische Kompaktoren zum Verdichten von Schüttungen baute man aus den Raddozern 180 TD und 280 TD. So hießen diese dann CS 180 und CS 280. Bei diesen Geräten ersetzte man die Reifen ebenfalls durch Stahlräder mit Aufsätzen. Der starre CS 180 leistete 170 PS bei einem Gewicht von 17 t, der knickgelenkte CS 280 kam bei 335 PS auf ein Gewicht von 35 t.

Da im Clark-Konzern bestimmt genügend Staplermasten zur Verfügung standen, baute man an einem 35 AWS anstelle des Auslegers einen solchen Staplervorsatz an und erhielt dadurch einen geländegängigen Gabelstapler. Der 35 AWS entwickelte 77 PS, eine Hubkraft von 2300 kg bei einem Gewicht von 6 t.

Irgendwo in den USA stand dieses besondere Gerät zum Verkauf. Vermutlich ist es ein Michigan 275A I, an dem

Michigan CS 70, Trash-Pak Müllverdichter

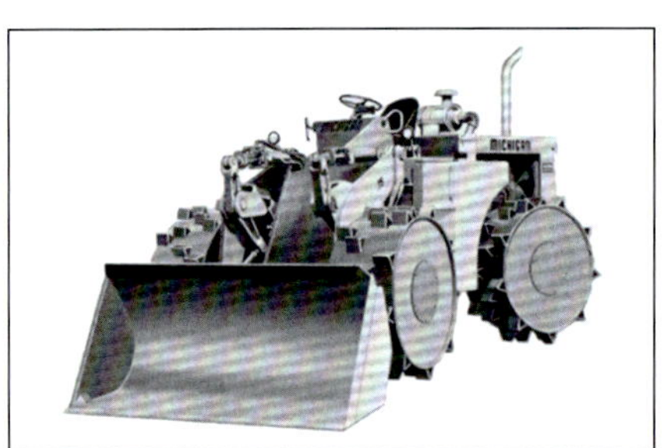

Michigan LF 75, Trash-Pak Müllverdichter

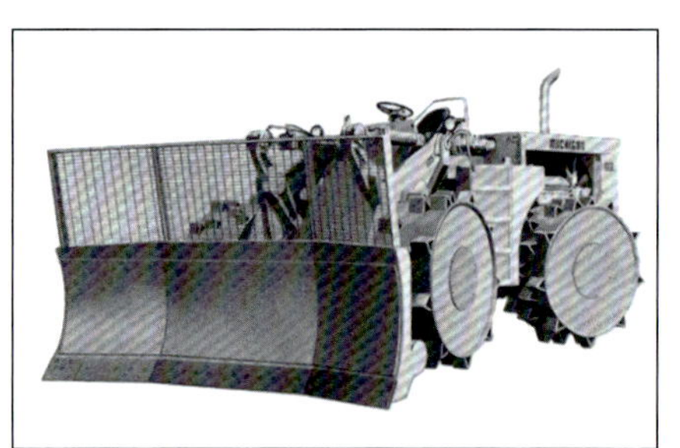

Michigan LF 175, Trash-Pak Müllverdichter

Michigan LF 280, Trash-Pak Müllverdichter

Michigan 280 TD mit Scraper

Michigan 480 TD, Kohletagebau in England

Michigan 480 TD mit Schwertransport

Michigan 280 TD B, Aufräumarbeiten beim Bagger

Michigan 280 TD III

Sammlung Eble

Michigan 180 TD III, Wortig Steinbruch Mayen in der Eifel

Michigan 180 TD, Wortig Steinbruch Mayen in der Eifel

Michigan 380 TD mit Holzschnitzelschild

Michigan 180 TD, Wortig Steinbruch Mayen in der Eifel

Michigan 380 TD, Eisenerzmine in den USA

Michigan 280 TD B, Einbau von Schüttmaterial

Michigan 280 TD B, Planieren von Sand

Michigan 280 TD C, M&M Excavating, USA

Michigan 280 TD B, bereit zum Schneeräumen auf einem Parkplatz, USA

Michigan 280 TD B, zwei Dozer beim Vorbereiten einer Kohlemine

Michigan 280 TD B, Kohlemine in den USA

Michigan 380 TD mit Aufreißer in Saudi-Arabien

Michigan 380 TD mit Aufreißer in Südafrika

Michigan 380 TD steht zum Verkauf

Michigan W 380 mit Kohle-schild

Der Muldenkipper Michigan T-65

Michigan baute eigentlich alles, was Räder hatte und zum Bauen gebraucht wurde. Das waren Radlader, Raddozer, Scraper und Skidder (Holzschlepper). Nur Transportfahrzeuge fanden sich nicht im Verkaufsprogramm. Es gab zwar einige wenige kleinere Geräte im Einsatz. Das waren Michigan Scraper-Zugköpfe mit einem angehängten Kippwagen. In den USA dachte man an etwas größeres, also an einen Starrrahmen-Muldenkipper wie sie zum Beispiel Euclid oder Dart herstellte. Der Michigan Radlader 475 IIIA kam bereits 1960 auf den Markt und wurde sehr gut aufgenommen. Je nach Schaufel fasste diese etwa 7 bis 8 m³. Ein Radlader sollte in vier bis fünf Ladespielen einen Muldenkipper beladen können. Deshalb sollte der dazugehörige Kipper etwa 30 bis 35 m³ fassen, also etwa 50 bis 60 t. Um den Kunden eine komplette Lade- und Transportkette aus einer Hand anbieten zu können, fehlte aber ein geeignetes Fahrzeug. Clark hatte ja im Produktionsprogramm genügend Drehmomentwandler, Getriebe und Achsen, um so etwas herzustellen. Der Muldenkipper sollte mit den gleichen Antriebskomponenten gebaut werden wie der Radlader 475 oder der Raddozer 380. Die Idee war, für Kunden die Ersatzteilhaltung zu vereinfachen. Die Ingenieure machten sich ans Werk und stellten 1968 einen modernen Muldenkipper auf die Räder, den T-65. Die Zahl gibt die Nutzlast in US-Tonnen an (1 US-Tonne entspricht 0,902 metrische Tonne), also 59 t. Er hatte eine V-förmige Mulde, die einen tiefen Schwerpunkt garantierte. Die Federung wurde mit Stickstoff-Öl-Federbeinen bewerkstelligt, das sollte gute Fahreigenschaften bringen und hohe Umlaufgeschwindigkeiten ermöglichen. Der Antrieb wurde aus dem Clark-Baukasten genommen und der Motor konnte ein Zwölfzylinder-Cummins VT 1710 C mit 635 PS oder wahlweise ein GM-DD 16V-71 mit gleich viel Pferdchen sein. Interessanterweise wurde der Muldenkipper zwar in den USA entwickelt und die ersten Bauteile dort hergestellt, aber die komplette Maschine kam nicht da zum Einsatz. Die Einzelteile für die ersten drei Kipper wurden nach England spediert und dort in einem ex Royal Air Force Flugzeughangar zusammengebaut. Diese drei Maschinen wurden im

Michigan T-65, Prototyp beim Testeinsatz im Steirischen Erzberg

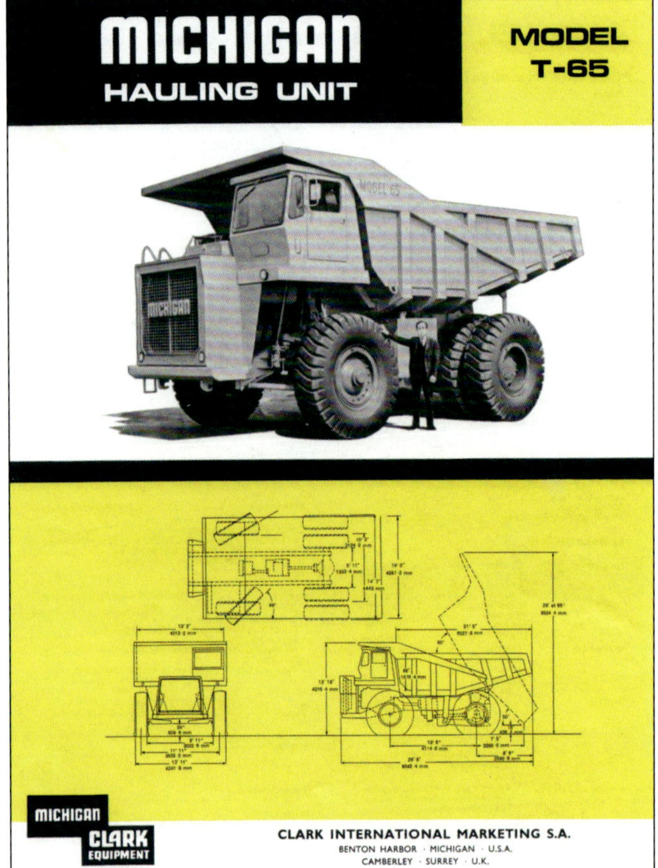

Michigan T-65

Michigan T-65, Prototyp beim Einsatz in England

englischen Kohletagebau ausgiebig von den Firmen Costain und Wimpey getestet. Für sechs weitere Kipper wurden dann auch die Bauteile in England hergestellt, sodass insgesamt aller Wahrscheinlichkeit nach nur neun T-65 gebaut wurden. Von den drei ersten Prototypen gelangte ein Exemplar 1968 durch die Initiative von Charles Keller Salzburg zum steirischen Erzberg. Er wurde per Schiff nach Hamburg spediert, dort auf einen Rheinkahn umgeladen und dann über Rhein und Donau nach Österreich gebracht. Am steirischen Erzberg, einer Eisenerzmine, erfolgte ein einmonatiger Testeinsatz, der aber zu keinem Verkauf führte. Anscheinend traten Probleme auf an der Hinterachse, Kardanwelle und der Stickstoff-Öl-Federung. Von den anderen Prototypen kam einer nach Portugal und der andere nach Spanien. Die restlichen sechs konnten nach Griechenland verkauft werden. Es sind mit größter Wahrscheinlich keine T-65 erhalten geblieben, sie wanderten leider alle in den Hochofen. Schon 1970, also nur zwei Jahre später, dachte man in der Konzernzentrale bei Clark Michigan, dass der Markt von Großmuldenkippern bereits gesättigt war und zog sich aus diesem Geschäft wieder zurück. Es wurde alles in allem ein nur kurzer und nicht sehr erfolgreicher Aufenthalt im Land der Muldenkipper.

Die Michigan Scraper

Scraper haben Räder und brauchen einen guten Antrieb, also wurde auch dieses Produkt von Clark Michigan ab 1957 in das Portfolio aufgenommen und hergestellt. Die Reihe umfasste zuerst die konventionellen Modelle. Im 110 arbeitete ein GM-DD 6V-53-Zweitakter mit 172 PS. Den 210 gabs mit GM-DD 8V-71 oder Cummins NTO-6-CI-Motor. Die Leistung lag bei 294 und 266 PS. Der 310 hatte 482 PS von einem GM-DD 12V-71N-Motor. Die Mulde fasste 8, 14 und 20 m^3. Das Gewicht betrug 13, 18,5 und 28 t. 1964 schickte Clark Michigan den größten Typ 410 mit 34 m^3 Fassungsvermögen ins Rennen. Dieser Riese besaß einen V 12 Cummins-Dieselmotor VT 1710 C-570 mit 570 PS. Nach enttäuschenden Verkäufen und nur 20 gebauten Exemplaren wurde 1970 die Produktion von diesem Modell eingestellt und vom Markt genommen. Konventionelle Scraper konnten in der Schweiz keine verkauft werden. Zwei 210 TS konnten aber nach Bergamo in Italien an die Firma Edilberga geliefert werden. Dazu kamen noch zwei 210 TS Wagon Rückwärtskipper. Das sind Scraper-Zugköpfe mit einem aufgesattelten hydraulischen Kipper anstelle des Scrapers. Ein einziges solches Fahrzeug konnte 1970 in der Schweiz an die Firma Roberto Pollini in Riveo geliefert werden. Ein GM-DD-Zweitaktdiesel vom Typ 8V-71 trieb das Fahrzeug an. Er war in deren Granitsteinbruch sicher 50 Jahre im Einsatz, bis er etwa 2020 leider verschrottet wurde.

1965 kombinierte Clark einen Zugkopf vom 110er Scraper mit einem Elevatoranhänger von Hancock und brachte den ersten Elevatorscraper auf den Markt. Ein Jahr später kaufte Clark die Firma Hancock auf und produzierte anschließend eine ganze Reihe von diesen Geräten als 110 H, 210 H und 310 H. Diese Bauart von Scrapern ist dazu gedacht, möglichst autark, also ohne Schubhilfe, dünne Schichten von Material abzutragen und wieder einzubauen. Der 110 H besaß einen GM-DD 6V-53-Motor mit 160 PS, ein Leergewicht von 15 t und einen Inhalt von 8,5 m^3. Das mittlere Modell, der 210 H, war mit einem Motor von Cummins, dem NT 855C-335 mit 335 PS, bestückt, hatte ein Leergewicht von knapp 30 t und fasste 18 m^3. Der große 310 H

Michigan 110 I beim Straßenbau in den USA

Michigan 110 I beim Straßenbau in den USA

Michigan 210 I beim Straßenbau in den USA

Michigan 210 I beim Straßenbau in den USA

Michigan 310 I beim Straßenbau in den USA

Michigan 210 I, Prospektbild

Michigan 210 Wagon Rückwärtskipper, einziger in einem Steinbruch in der Schweiz, leider verschrottet

Michigan 110-15 Elevatorscraper, Ecuador

Michigan 210 H Elevatorscraper, Saudi-Arabien

Michigan 110 HT Doppelmotor-Elevatorscraper, Nigeria

Michigan 110 HT Doppelmotor-Elevatorscraper, England

Michigan 110 HT Doppelmotor-Elevatorscraper, Schweiz

besaß einen GM-DD 12V-71-Zweitakt-Diesel mit 495 PS, fasste 24,5 m^3 Erde und wog leer 45 t. Um noch mehr Antriebskraft auf den Boden zu bringen und in weichem Gelände besser voran zu kommen, konstruierte man dazu noch die Doppelmotor-Varianten. Bei Michigan war das der 110 HT, ein zweimotoriger Elevatorscraper mit Allradantrieb, eine etwas spezielle Maschine. Er hatte vorn und hinten je einen GM-Detroit-Zweitakt-Diesel vom Typ 4-71 mit 160 PS zum Antrieb der Vorder- und Hinterachse. Das Getriebe im hinteren Teil wurde mit Druckluft synchron zum vorderen geschaltet, ebenso das Gaspedal. Das führte vor allem im Winter zu Problemen. Der Elevator wurde vom hinteren Motor hydraulisch angetrieben. Der Scraper wog leer etwa 23 t und fasste 12 m^3. Von diesem Typ kamen auch in der Schweiz einige wenige Maschinen zum Einsatz. So bei Luini & Chabod in Vevey und bei Jean Pasquier in Bulle ab 1972. Die Firma Schleith in Waldshut hatte einen im Betrieb sowie auch die Firma Eberhard aus Höri. Diese Maschine kam unter anderem bei der Erweiterung des Flughafens Kloten und auch beim Bau der Oberlandautobahn N 53 bei Volketswil zum Einsatz.

An das Konsortium GESTEB aus der Westschweiz konnte die Charles

Michigan 210 H Elevatorscraper mit Vorderachsfederung in Saudi-Arabien

Keller AG im Jahr 1976 neben drei Michigan Radladern 275 B und anderen Maschinen vier Elevatorscraper vom Typ 210 H verkaufen. Diese Maschine war die einzige auf dem Markt mit einer kombinierten Hydraulik-Stickstofffederung für die Vorderachse, Hydra-Ride genannt, etwas Ähnliches wie sie moderne Muldenkipper aufwiesen. Diese Bauweise ermöglichte wesentlich höhere Transportgeschwindigkeiten, nämlich maximal 53 km/h, als bei ungefederten Produkten. Die Geräte kamen in Saudi-Arabien zum Bau eines 123 km langen Teilstückes der Schnellstraße zwischen Jedda und Riadh zum Einsatz. Diese Maschinen habe ich dort ein halbes Jahr lang als Mechaniker betreut. Viel Staub und ein sehr hoher Verschleiß an den Werkzeugen entstand durch die Arbeit mit dem stark quarzhaltigen Sand, sonst arbeiteten die Maschinen aber sehr zufriedenstellend.

Nachdem schon länger keine konventionellen Scraper mehr gebaut wurden, stellte Clark im Jahr 1981 auch die Produktion von Elevatorscrapern komplett ein.

Alle Elevatorscraper wurden im ehemaligen Hancock Werk in Lubbock, Texas auf die Räder gestellt, das Clark 1966 gekauft hatte.

Weitere Clark-Produkte

Nach dem Zukauf von diversen Firmen vermarktete Clark verschiedenste Baumaschinen nur unter dem Namen Clark und dem ursprünglichen Firmennamen. Das waren namentlich die BLH, Baldwin-Lima-Hamilton. Dazu gehörten Lima Seilbagger, Krane und Kranwagen, Roadpacker Vibrationsverdichter und sogar Hydraulikbagger. Auch Austin-Western kam dazu. Diese Firma baute 1954 den ersten vollhydraulischen Teleskopkran mit Allradantrieb und Allradlenkung. Dieser Kran wurde damit weltberühmt. Eine wichtige Innovation von Austin-Western waren auch die ersten zwei- und dreiachsigen allrad-gelenkten und allrad-angetriebenen Grader. Die größeren Grader mit drei Achsen waren schon damals bereits mit einer Art Knicklenkung versehen. Das hintere Tandem war auf einem Schlitten unter dem Motor schwenkbar gelagert und das ergab so zusammen mit der lenkbaren Vorderachse eine enorme Wendigkeit. Die Lenkungen erfolgten hydraulisch und der Antrieb der vorderen Achse noch über eine Kardanwelle entlang des gebogenen Rahmens. Irgendwann wurde auch Melroe dazugekauft, der Hersteller der berühmten Bobcat-Kleinlader. Ein Clark Van kam ebenfalls in den Handel, ein Hersteller von geschlossenen Alu-Aufbauten für Lkw und Lieferwagen. Clark wurde zu einem Gemischtwarenladen umfunktioniert und sogar Haushaltgeräte nebst noch anderen Produkten wurden verkauft.

Die Clark Ranger

Forstschlepper gehörten ebenfalls zur Produktlinie von Clark. Die Reihe umfasste 1970 die Modelle 662 mit 96 PS, (GM-DD 3-53), 664 mit 93 PS, (GM-DD 3-53) und 666 mit 125 PS (Cummins V-378-C). Ab 1972 kamen der Typ 667 mit 139 PS (Cummins V-378-C) und 668 mit 185 PS (Cummins V-504) dazu. Das kleinste Modell 662 wurde dabei aus dem Verkauf genommen. Eine Zeit lang figurierte sogar ein 880 mit 280 PS (Cummins V-903-C) in den Verkaufslisten. Alle besaßen eine Seilwinde auf dem hinteren Teil des Rahmens zum Rücken der Stämme. Die Modelle 664 GS und 667 GS hatten eine hydraulische Zange anstatt der Winde zum Festhalten der Stämme.

Die Schweiz ist nicht gerade das klassische Holzernte-Land. Deswegen kamen in der Schweiz ganz wenige die-

Michigan Ranger 664 B, USA

Michigan Ranger 664 C GS mit hydraulischer Baumzange, USA

Michigan Ranger 668 B, USA

Michigan Ranger 668 B, Tansania

Michigan 475 IIIA als Holzlader

ser Maschinen zum Einsatz, genau genommen zwei Stück, die von der Charles Keller AG verkauft wurden. Im Dezember 1973 bekam die Firma Charles Francey einen 664 und im Juli 1974 die Firma H. Bally in Vallorbe einen Ranger vom Typ 664 B, beide mit dem GM-DD-Zweitakt-Diesel Typ 3-53 mit 93 PS.

Unter dem Namen Ranger wurden auch die Radlader verkauft, die speziell für die Holzindustrie mit Baumklammern und zusätzlichen Gegengewichten ausgerüstet wurden. Alle Maschinen bekamen dafür ein drittes Hydraulikventil eingebaut. Die Typenbezeichnungen waren dieselben wie bei den Radladern, aber mit dem Zusatz Ranger. Teilweise bekamen die Karosserien spe-

Michigan Ranger 55 B mit Holzzange im hohen Norden

zielle Schutzvorrichtungen, um nicht von Baumstämmen beschädigt zu werden. Zum Einsatz kamen diese Log Loader, wie sie auch genannt wurden, in Papierfabriken, Spanplattenwerken, Holzschnitzelfabriken oder auch im Wald bei Abholzarbeiten zum Beladen der Transportfahrzeuge.

Michigan Ranger 75 B mit Holzzange mit Telefonstangen, USA

Der Clark Traktorbagger

Sogar einen Traktorbagger, den Clark 700, gebaut ähnlich wie ein JCB, hatte man eine Zeit lang, etwa 1967, im Programm. Aufgebaut wurde die Maschine auf einem integrierten, robusten und durchgehend geschweißten Rahmen. Das war also kein modifi-

Michigan Ranger 125 B mit Holzzange

zierter Landwirtschaftlicher Traktor. Er war ausgerüstet mit einem GM-Detroit-Diesel vom Typ 3-53 mit 90 PS. Drehmomentwandler, Lastschaltgetriebe und eine Clark-Planetenachse bildeten den Antrieb. Um enge Kurven zu fahren, gab es eine Einzelradbremse. Der Heckbagger war zentral montiert, hatte Schwenkabstützung und konnte abgebaut werden. Er wurde bei Nichtbedarf durch ein Gegengewicht ersetzt. Die Frontschaufel fasste 0,75 m^3. Am Heckbagger konnten verschiedene Löffel bis zu 250 l Inhalt montiert werden. Meines Wissens wurde diese Maschine aber kein großer Erfolg, der Markt war schon längst durch bekanntere Marken wie Case, Massey-Ferguson, JCB, Dyna-Hoe und weitere Hersteller besetzt, sodass die Produktion bald wieder eingestellt wurde. Außerhalb der USA kam wahrscheinlich sowieso keines von diesen Geräten in den Handel.

Michigan Ranger 175 B mit Holzzange in einer Papierfabrik, Österreich

Die Motoren im Michigan

Da Clark Michigan nie eigene Motoren gebaut hat, kamen natürlich alle erdenklichen Fabrikate an Benzin- und Dieselmotoren zum Einbau. Je nach Produktionsland konnten die Maschinen mit dem jeweiligen Wunschmotor des Kunden ausgerüstet werden.

Clark Michigan 700

Traktorbagger

Diese Liste ist bestimmt in keiner Weise vollständig, weder mit allen Marken noch allen Typen, die über die Jahre zur Verfügung standen. Die Leistungsangaben sind mit Vorsicht zu genießen, sie sind nicht immer eindeutig. Das sind manchmal SAE, DIN, Schwungscheiben, Maximal- oder Dauerleistungen. Deswegen sind sie in PS gehalten und sollen nur einen ungefähren Rahmen geben. In den Typenbezeichnungen kommen immer Buchstaben vor. Diese geben meistens die Bauart an, also ein V meint V-Motor, ein T steht für Turbolader, ein A für „Aftercooled" (ladeluftgekühlt). Weitere Buchstaben geben noch die Verwendung als Lkw, Baumaschine, Generator, Lokomotive oder Marine an. Bei Cummins zum Beispiel ist das C am Ende der Bezeichnung ein Motor zur Anwendung in Baumaschinen. Viele Motoren aus der gleichen Familie werden mit unterschiedlichen Einstellungen und Ausrüstungen verwendet.

Cummins

Die Motoren von Cummins arbeiten nach dem Vier-Takt-Prinzip, sind aber insofern bemerkenswert, weil sie ein etwas spezielles Einspritzsystem aufweisen. Dabei wird die Regelung von Drehzahl und Leistung in einer Niederdruckpumpe vorgenommen und der Kraftstoff in einen Kreislauf gebracht. Der hohe Einspritzdruck wird erst in der von der Nockenwelle über Kipphebel betätigten Einspritzdüse im Zylinderkopf erzeugt. Von dieser Marke gibt es viele Motorfamilien und hunderte von Varianten und Leistungsklassen. Alleine der 14 l große Sechszylinder N 855 ist vom Sauger bis zum Doppelturbo mit Ladeluftkühlung und Fremdwasser Wärmetauscher (Marineausführung) von 220 bis fast 800 PS Nennleistung erhältlich. Im Zuge der Umstellung auf das metrische System wurden die Mo-

Continental

F-226	R 6 Zylinder Benzin	3,7 l	66 PS	55 AI
F-244	R 6 Zylinder Benzin	3,99 l	79 PS	55 AII

Cummins

V 378 C	V 6 Zylinder Diesel	6,20 l	120 PS	55 IIIA/55 B/55 C/666/667
CT 464 C	R 6 Zylinder Diesel Turbo	7,60 l	150 PS	75 IIIA/75 B
C 175 CI	R 6 Zylinder Diesel	7,60 l	200 PS	125A II
V 504 C	V 8 Zylinder Diesel	8,26 l	156 PS	75 B/75 C/110/668 B
VT 555 C	V 8 Zylinder Diesel Turbo	9,10 l	213 PS	125 B/180
VT 785 C	V 8 Zylinder Diesel Turbo	12,6 l	180 PS	85 IIIA/125 IIIA
V8R/220 C	V 8 Zylinder Diesel	12,88 l	233 PS	85 IIIA/125 IIIA/175 IIIA
V 903 C	V 8 Zylinder Diesel	14,80 l	310 PS	880
JN/JF	R 6 Zylinder Diesel	6,57 l	122 PS	75A II/85A II/125A I
NH	R 6 Zylinder Diesel	12,17 l	220 PS	175A II
NTO 6 BI	R 6 Zylinder Diesel Turbo	12,17 l	262 PS	275A I/275A II
NT 855 C	R 6 Zylinder Diesel Turbo	14,00 l	210 PS	275A III/275 IIIA/175 B/125 C
LT 10 C	R 6 Zylinder Diesel Turbo	10,00 l	203 PS	125 C/L 140
KT 1150 C	R 6 Zylinder Diesel Turbo	18,90 l	360 PS	275 B/275 C/380
KT 19 C	R 6 Zylinder Diesel Turbo	18,90 l	360 PS	L 270/L 270 B/L 320
VT 12 C	V 12 Zylinder Diesel Turbo	24,40 l	570 PS	480/T-65
VT 1710 C	V 12 Zylinder Diesel Turbo	28,05 l	606 PS	380
VTA 1710 C	V 12 Zylinder Diesel Turbo LLK	28,05 l	572 PS	475 B/475 C
VTA 28 C	V 12 Zylinder Diesel Turbo LLK	28,05 l	572 PS	L 480/L 480 B/380 B

DAF

DA 475	R 6 Zylinder Diesel	4,77 l	100 PS	55A III/75A II
DD 575 A	R 6 Zylinder Diesel	5,76 l	120 PS	75A I/125A I
DS 575	R 6 Zylinder Diesel Turbo	5,76 l	165 PS	175A II
DF 615 A	R 6 Zylinder Diesel	6,17 l	140 PS	85A III

Deutz

F 6 L 714	V 6 Zylinder Diesel luftgekühlt	9,50 l	145 PS	175A I Scheid

Ford

592 E	R 4 Zylinder Diesel	3,60 l	62 PS	35 A
2701 E	R 4 Zylinder Diesel	3,96 l	68 PS	35 F
2711 E	R 4 Zylinder Diesel	4,15 l	70 PS	45 AWS

toren umbenannt und anstatt der Typenangabe in Kubik-Inch kam die Bezeichnung in Liter. So wurde der N 855 zum N 14, der KT 1150 zum KT 19 und so weiter.

General Motors – Detroit Diesel

Baureihen		
Serie 53	(53 cu.inch pro Zylinder) = 0,87 l	2-53/3-53/4-53/6V-53/8V-53/12V-53
Serie 71	(71 cu.inch pro Zylinder) = 1,16 l	2-71/3-71/4-71/6-71/6V-71/8V-71/12V-71/16V71/24V-71
Serie 92	(92 cu.inch pro Zylinder) = 1,50 l	6V-92/8V-92/12V-92/16V-92
Serie 149	(149 cu.inch pro Zylinder) = 2,44 l	8V-149/12V-149/16V-149/20V-149

3-53	R 3 Zylinder Diesel	2,60 l	97 PS	55A II/700/35 C
4-53	R 4 Zylinder Diesel	3,84 l	113 PS	75A II/85A II/55 AWS/55 IIIA/55 B
6V-53	V 6 Zylinder Diesel	5,21 l	170 PS	180/85 IIIA/125A II
2-71	R 2 Zylinder Diesel	2,32 l	50 PS	T-4/TMD 16
3-71	R 3 Zylinder Diesel	3,48 l	76 PS	125A I/T-24/S-2
4-71	R 4 Zylinder Diesel	4,65 l	124 PS	125A I/175 AII/75 B/75 C
6V-71	V 6 Zylinder Diesel	6,98 l	203 PS	125 IIIA/125 B/175A II
8V-71	V 8 Zylinder Diesel	9,30 l	242 PS	175 IIIA/275A II/275 IIIA/175 B
12V-71	V 12 Zylinder Diesel	13,95 l	430 PS	310 H/380
16V-71	V 16 Zylinder Diesel	18,60 l	635 PS	480/T-65
16V-92	V 16 Zylinder Diesel	24,10 l	635 PS	475 C

Hercules

DIXB	R 6 Zylinder Diesel		130 PS	
JXD	R 6 Zylinder Benzin	5,24 l	62 PS	8 T 4/S-20
JXLD	R 6 Zylinder Benzin	5,55 l	120 PS	8 T 4/S-20
WXLC	R 6 Zylinder Benzin	6,62 l	124 PS	TMDT-16

Isuzu

D 500 PL	R 6 Zylinder Diesel	4,98 l	84 PS	35 B

Leyland

UE 250				55A I/55A II/75A III
UE 350	R 6 Zylinder Diesel	5,76 l	110 PS	75A I
UE 370	R 6 Zylinder Diesel	6,07 l	101 PS	55 R/55 AWS/75A II/75A III
UE 375	R 6 Zylinder Diesel	5,76 l	110 PS	125A I
UE 400	R 6 Zylinder Diesel	6,54 l	114 PS	65 R/65 AWS/85A II/85A III
UE 500	R 6 Zylinder Diesel	8,20 l	172 PS	75 IIIA
UE 600	R 6 Zylinder Diesel	9,80 l	172 PS	125A II/175A I
UE 680	R 6 Zylinder Diesel	11,10 l	217 PS	85 IIIA/125A III/125 IIIA

Mercedes-Benz

OM 366	R 6 Zylinder Diesel	5,90 l	120 PS	45 C/55 C

General Motors – Detroit Diesel

Der GM-DD ist ein ganz spezieller Dieselmotor. Zu erkennen ist er sehr leicht an seinem lauten, kreischenden Laufgeräusch. In den USA wird er „screaming Jimmy“ genannt, was so viel heißt wie „schreiender Jimmy“. Dieses Geräusch rührt vom Roots-Spülgebläse her. Er arbeitet nach dem Zwei-Takt-Prinzip. In der Zylinderbüchse sind auf etwa halber Höhe Schlitze angebracht. Durch diese fördert das Gebläse, wenn der Kolben sie freigegeben hat, Frischluft in den Zylinder und drängt die Abgase durch Ventile im Zylinderkopf zum Auspuff hinaus. Auch bei diesem Motor erfolgt die Einspritzung mit einer von der Nockenwelle über Kipphebel betätigten Düse. Die Drehzahlregelung erfolgt aber hier direkt an der Düse selbst, aus der eine kleine Zahnstange herausschaut. Diese wird über ein Rohr mit Fingern an jedem einzelnen Zylinder bewegt. Damit wird die Einspritzmenge reguliert und somit die Drehzahl des Motors. Eine kleine Zahnradpumpe fördert den Kraftstoff mit etwa 4 bar zu allen Düsen durch Bohrungen im Zylinderkopf. Rund 75 Prozent des geförderten Diesels dienen der Kühlung der Düsen und fließen wieder zurück zum Tank. Es gibt vier verschiedene Gruppen von Motoren, innerhalb derer vom Einzylinder bis zum V 20 fast alles erhältlich ist. Innerhalb der jeweiligen Baureihen ist der Zylindersatz (Kolben, Kolbenbolzen, Kolbenringe, Pleuel, Büchse und Dichtungen) immer gleich. Dasselbe gilt für die Motorblöcke und Zylinderköpfe. Das ergibt ein sehr kostengünstiges Baukastensystem.

So variantenreich die Auswahl bei den Motoren sein konnte, so einfach war der Antriebsstrang. Hinter dem Motor kam in jedem Michigan-Produkt immer ein von Clark gebauter kompletter Antrieb aus dem Baukasten von Clark Automotive zur Anwendung. Das umfasste Drehmomentwandler, Lastschaltgetriebe und Planetenachsen. Aber nicht nur die Michigan-Geräte erhielten Clark-Komponenten, viele andere Baumaschinenhersteller verwendeten diese Produkte in ihren Maschinen. So verwendete zum Beispiel PPM in den Radladern ein Clark-Wandler-Getriebe, Kenworth sowie Pacific und Hayes in den Ölfeld- und Holz-Lkw Wandler-Lastschaltgetriebe und -Planetenachsen. Fast alle Kranwagenchassis in den USA waren mit Clark-Planetenachsen ausgerüstet, Cameron verwendete sogar die Lastschaltgetriebe in den Maschinen zur Herstellung von Schleuderbeton-Rohren! Es gab tausende von Kunden und unendlich viele Anwendungen für diese Antriebe.

Perkins

4.236	R 4 Zylinder Diesel	3,86 l	68 PS	35 AWS/35 A/45 A/45A II
4.248	R 4 Zylinder Diesel	4,10 l	79 PS	35 AWS/45 R/45 AWS
P 6	R 6 Zylinder Diesel	4,73 l	71 PS	55A II
6.305	R 6 Zylinder Diesel	5,00 l	96 PS	75A II
6.354	R 6 Zylinder Diesel	5,80 l	95 PS	45 B/45 C/55 AWS
T6.354	R 6 Zylinder Diesel Turbo	5,80 l	120 PS	55 IIIA
V8-510	V 8 Zylinder Diesel	8,40 l	160 PS	75 IIIA/75 B

Rolls-Royce

C 6 N	R 6 Zylinder Diesel	12,17 l	215 PS	175A II

Volvo

TD 70	R 6 Zylinder Diesel	6,78 l	178 PS	125A III
D 96	R 6 Zylinder Diesel	9,60 l	165 PS	125A II

Waukesha

FC	R 4 Zylinder Benzin	2,18 l	28 PS	CA-1/C-1
180 GKB	R 4 Zylinder Benzin	2,36 l	45 PS	12 B
180 DLC	R 4 Zylinder Diesel	2,36 l	40 PS	12 B
190 DLC	R 6 Zylinder Diesel	4,35 l	80 PS	75A I
195 DLC	R 6 Zylinder Diesel	5,24 l	75 PS	125A I/75A II
195 GK	R 6 Zylinder Benzin	5,24 l	96 PS	125A I
135 DKB	R 6 Zylinder Diesel	6,98 l	100 PS	175A II
135 GK	R 6 Zylinder Benzin	6,98 l	127 PS	125A I
135 GZ	R 6 Zylinder Benzin	7,39 l	125 PS	85A II
F-283 G	R 6 Zylinder Benzin	4,62 l	107 PS	75A II

Michigan 75A I, komplett restauriert

Michigan Freunde Schweiz Club (MFSC)

In der Schweiz haben sich ein paar Freunde zusammengetan und einen Club gegründet. Ziel ist es, so viele verschiedene Michigan Radlader wie möglich der Nachwelt zu erhalten. Wir halten die Maschinen soweit wie möglich betriebsbereit und gehen damit an Oldtimertreffen, um sie der Öffentlichkeit zu zeigen. Dabei müssen sie nicht aussehen wie neu aus der Fabrik, aber funktionstüchtig sollten sie sein. Zurzeit besitzen wir elf Clark Michigan im Club. Natürlich ist die Sammlung nach oben etwas begrenzt, da die größeren Maschinen viel Platz benötigen und auch nicht mehr so leicht zu transportieren sind.

Michigan 12 B, Umbau auf Deutz-Dreizylinder-Diesel

Michigan 35 R, einziger 35 R in der Schweiz, verkauft an Sulzer Winterthur, war im Einsatz in der Gießerei

Michigan 35 AWS, ex Egolf Straßenbau Uster

Unsere Oldtimer-Flotte setzt sich momentan aus einem Michigan 12 B mit Deutz-Motor, einem Michigan 35 R, zwei Michigan 35 AWS, zwei Michigan 75A I (siehe Seite 19, Seite 26 und Seite 115), einem Michigan 175A I, einem Michigan 75A III (siehe Seite 39 und Seite 40), einem Michigan 175A III (siehe Seite 22), einem Michigan 55 B (siehe Seite 55) und einem Michigan 75 B (siehe Seite 59) zusammen.

Michigan 175A I, Orginalzustand (siehe auch Seite 20)

Quellen | Literatur | Bilder **Markus Hofmann** – Fahrzeuge der Schweizer Armee (Buch) | **Clark Michigan, VME** – Verkaufsunterlagen, Prospekte, Einsatzberichte (eigene Sammlung) | **Peter Love, Graham Miller** – Classic Plant & Equipment (Magazine) | **Diesel Max, Max Zottler** – Steirischer Erzberg (Werkszeitung) | **Funding Universe** – History of Clark Equipment Company (Internet Publication) | **Clarkmhc** – History (Internet Publication) | **The American Automobile | Industry in WW II** – Clark Equipment in WW II (Internet Puplication) | **HCEA** – Historical Construction Equipment Association | **Anthony Lucibello** – Photographer | **Werner Eble** – Restaurator von antiken Baumaschinen und Michigan Sammler | **Fred. W. Crismon** – US. Military Wheeled Vehicles (Buch) | **Roger Amato** – IHC, Hough and Dresser (Buch) | **Norm Swinford** – Allis-Chalmers Construction Machinery (Buch) | **Michigan Freunde Schweiz Club** – MFSC, div. Fotos

Kleiner Auszug aus unserem Verlagsprogramm

176 Seiten, 360 Bilder, 28 x 21 cm
Festeinband, ISBN 9783751610780
EUR 29,90 Bestellnummer **1078**

270 Seiten, 480 Bilder, 28 x 21 cm
Festeinband, ISBN 9783751610643
EUR 39,90 Bestellnummer **1064**

160 Seiten, 480 Bilder, 28 x 21 cm
Festeinband, ISBN 9783861339649
EUR 29,90 Bestellnummer **964**

240 Seiten, 600 Bilder, 28 x 21 cm
Festeinband, ISBN 9783751610292
EUR 39,90 Bestellnummer **1029**

224 Seiten, 540 Bilder, 28 x 21 cm
Festeinband, ISBN 9783751610766
EUR 39,90 Bestellnummer **1076**

360 Seiten, 800 Bilder, 28 x 21 cm
Festeinband, ISBN 9783861339830
EUR 49,90 Bestellnummer **983**

180 Seiten, 550 Bilder, 28 x 21 cm
Festeinband, ISBN 9783861339083
EUR 29,90 Bestellnummer **908**

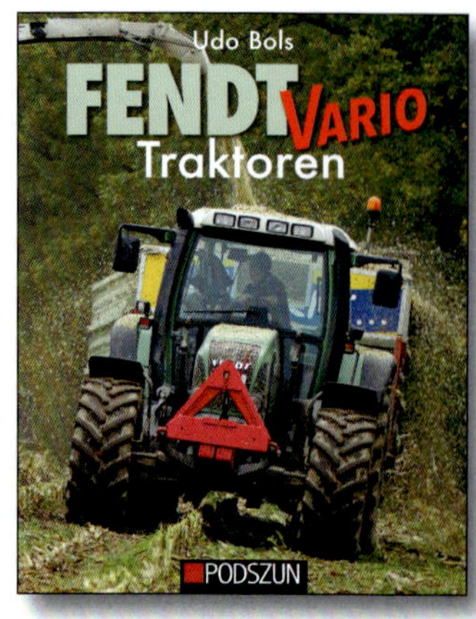

136 Seiten, 280 Bilder, 28 x 21 cm
Festeinband, ISBN 9783751610339
EUR 29,90 Bestellnummer **1033**

154 Seiten, 390 Bilder, 28 x 21 cm
Festeinband, ISBN 9783861335597
EUR 24,90 Bestellnummer **559**

176 Seiten, 480 Bilder, 28 x 21 cm
Festeinband, ISBN 9783751610704
EUR 29,90 Bestellnummer **1070**

240 Seiten, 600 Bilder, 28 x 21 cm
Festeinband, ISBN 9783751610650
EUR 39,90 Bestellnummer **1065**

180 Seiten, 600 Bilder, 28 x 21 cm
Festeinband, ISBN 9783861338994
EUR 29,90 Bestellnummer **899**